U0899142

如何得到上司的赏识

陶永进 徐健◎著

北京理工大学出版社
BEIJING INSTITUTE OF TECHNOLOGY PRESS

图书在版编目(CIP)数据

如何得到上司的赏识/陶永进，徐健 著.—北京:北京理工大学出版社，2010.7

ISBN 978-7-5640-3265-4

Ⅰ.①如… Ⅱ.①陶… ②徐… Ⅲ.①成功心理学-通俗读物

Ⅳ.①B848.4-49

中国版本图书馆 CIP 数据核字(2010)第 106066 号

出版发行 / 北京理工大学出版社
社　　址 / 北京市海淀区中关村南大街 5 号
邮　　编 / 100081
电　　话 / (010)68914775(办公室) 68944990(批销中心) 68911084(读者服务部)
网　　址 / http://www.bitpress.com.cn
经　　销 / 全国各地新华书店
排　　版 / 北京精彩世纪印刷科技有限公司
印　　刷 / 三河市华晨印务有限公司
开　　本 / 710 毫米×1000 毫米　1/16
印　　张 / 14
字　　数 / 160 千字
版　　次 / 2010 年 7 月第 1 版　2010 年 7 月第 1 次印刷　　责任校对/陈玉梅
定　　价 / 25.00 元　　责任印制/母长新

我不是教你学坏

上司，上，上峰，上面；司，掌握，管理。

职业生涯中，几乎所有的人都要面对被管理的问题。政府公职人员有上级管理，企业工作人员也有上级管理，上司不但要担当领导、督促的责任，还要担当评估、考核员工业绩的责任，如何得到上司的赏识，不仅仅是人际关系的问题，还是一个人工作价值的体现。

职场中总会有两种人存在，一种人工作能力非凡，却一直郁郁不得志，因为他们得不到上司的赏识，所以只能原地踏步；另一种人，一部分能力超常，一部分能力平平，却都能在上司的提拔下得以平步青云。因此，上司在一定程度上决定了下属的前途，能否得到上司的赏识，在恰当的时候崭露自己的头角，便成为每个在职场中谋求上进的人所要上的必修课。

《如何得到上司的赏识》一书所要说明的并不是如何媚上欺下、如何投机取巧，如果你抱着这样的心态来阅读这本书，那么十分抱歉，本书一定会让你失望。恰恰相反，本书所要说明的是，做为一个下属，如何能在不断提升自我能力、完成工作任务的前提下，引起上司的注意，并通过合适的机会，让上司充分领略你的才华，同时认识你的优势，从而给你提供更多的锻炼机会、更大的发展空间，进而实现你的职业价值。

本书不仅仅是写给在职场中打拼的人，也是写给那些行走仕途如履薄冰的各级领导干部，得到上司的赏识不仅要靠高超的人际交往能力，还要依靠不断提升的个人综合能力。

得到上司的赏识不是简单的取巧、逢迎，而是一门生存哲学，希望本书的出版，能够给各类职场中人以新的启示。

作者

2010 年 6 月

目录

CONTENTS

一

人际关系是职场第一课

1. 以史为鉴，向和珅学习处理上下级关系

清高宗乾隆是一代英明君主，大贪官和珅是一个奸佞小人。以乾隆之英明却宠幸劣迹斑斑的和珅长达二十余年，是君臣相得，还是别有隐情？是乾隆看错了和珅，还是和珅钻了乾隆的空子？

和珅幼时丧父，少年奋发，聪明绝顶，出口成章，处事机敏干练，而且最会理财、敛财，深得乾隆皇帝嘉许。《八旗通志》续集卷首六、天章六中即记有：乾隆曾称赞他“清文、汉文、西番、蒙古，颇通大意”。他的这种才能，对他任军机大臣等高位，经办一个多民族大国的军事政务大事，无疑是有用的。和珅曾参加过西北、西南的军事活动，还任过殿试读卷官和经延讲官、翰林院掌院学士，兼任过《三通》、《四库全书》、清字经馆、石经的纂修总撰。可见乾隆皇帝宠信和珅，无疑也是同他的才能分不开的。

《和珅列传》中记载，乾隆四十五年正月（1780年），31岁的和珅接受了一项重要任务，与刑部侍郎喀宁阿一起远赴云南，查办大学士、云贵总督李侍尧贪污案。和珅一到云南，首先拘审李侍尧的管家，取得实据，迫使精明干练的李侍尧不得不低头认罪。和珅从接受这个任务，到乾隆下御旨处治李侍尧，前后只用了两个多月的时间。

随后，和珅又向皇帝报告说，云南的行政管理混乱，许多州县都出现亏空，需要彻底清理整顿，这一报告立即得到乾隆的赞许。

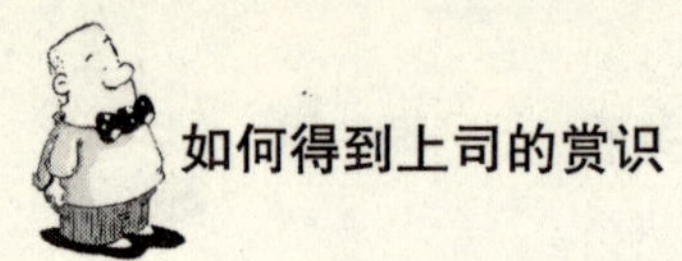

当年五月和珅回京以后，又进一步向皇上表达了想整顿云南的盐务、钱法和边防事务的具体意见，都得到乾隆的肯定。

云南的案子和珅办得很出色，确实表现了他的才华，所以和珅在回京的途中，就被提升为户部尚书。

和珅为了迎合乾隆，在书法方面下了不少工夫，并达到了较高的水平。乾隆的书法很见功力，和珅的字酷似乾隆，可能是他刻意模仿的，大学士英廉曾经称赞和珅的书法“浑厚饱满，雍容中又蕴挺拔”，乾隆后期的有些诗匾干脆交由和珅代笔。挂在北京故宫崇敬殿的御制诗匾，据考证就是由和珅代笔。因此和珅除了有贪官之名外还有书法家之名！

乾隆统治时期，整个社会经过了康熙、雍正两朝的励精图治，表现出一副欣欣向荣的景象，乾隆也渐渐成为中国历史上不多的最为好大喜功的皇帝之一，然而再大的家业，也架不住整日的挥霍。这样，到了乾隆中年的时候，大清帝国的国库已然有些不支了，而正所谓由俭入奢易，由奢入俭难，过惯了富贵日子的乾隆，很难一下子改变自己的生活，所以他迫切需要一个善于理财又能广开财路的人，和珅的出现恰逢其时，立即就成为乾隆的心腹，被乾隆视做国之栋梁。乾隆无疑将和珅看成了一个聚财有方的精明强干之人，只要有和珅在，他就不必担心钱财的问题，和珅凭借这一点，在乾隆心中打下了坚实的基础，牢牢站稳了脚跟。

今天，很多人只知道和珅贪，却不知他对皇帝的功劳也是卓著的，即便是后来的嘉庆帝列出的“二十大罪”，也不过是“匹夫无罪、怀璧其罪”，而没有实际意义上祸国殃民的大罪。所以和珅之死，不是因为他出卖国家利益，而是当时的政治体制和皇权需要决定了他的命运。

和珅的一生对于今天的职场中人还是有着辩证的借鉴意义。以史为

鉴，和珅之贪不可取，但和珅为人下属之道不可不学。要有真才实学，单是一个溜须拍马并不能得到上司的赏识，和珅与上司相处的技巧，值得我们去认真揣摩。

首先，和珅是个人才，如果一个人只会溜须拍马，而无真才实学，不但不能给上司解决问题，相反还会带来一堆麻烦，相信没有谁会提拔这样的下属。

而如今职场中却有相当一部分人以为获取上司的赏识只要“走后门”，却忽略了自身能力的提升，殊不知，人脉关系是暂时的，一朝天子一朝臣，待到你所依仗的人际关系倒台了，你又以何为生？而且任何一个明智的上司都不会要一个只是奴才的庸才来做自己的心腹。

其次，和珅懂得向上沟通的道理，他知道什么话该说，什么话不该说，也知道皇帝的意图，能将皇帝的意图彻头彻尾地执行下去，并取得圆满的结果。他“以帝心为己心”，处处变着法儿哄乾隆高兴，且问，谁不喜欢这样的下属？

然而，这并不是让我们只懂得溜须拍马。与和珅相对应的是，如今职场中一部分人能力很强，水平不低，但却因为沟通不顺畅，一直难以得到上司的赏识，颇有明珠蒙尘之感。岂不知，懂得向上沟通更是一门生存技巧，如果只是埋头苦干，而不为上司所知，你如何获取更大的发展空间？如何拥有更大的平台去发挥自己的能量？即便有经天纬地之才，恐怕也只能庸庸碌碌于人世间。

再次，和珅懂得感恩。他知道这些都是谁给予的，他心里也知道如此圣明的皇帝不会不知道他的所作所为。所以他对皇帝是赤胆忠心，能够时刻替皇帝赴汤蹈火，把皇帝的事情当成自己的事情办。皇帝烦心的事情，和珅来办。特别是在皇太后归天的时候，和珅不是像其他大臣一

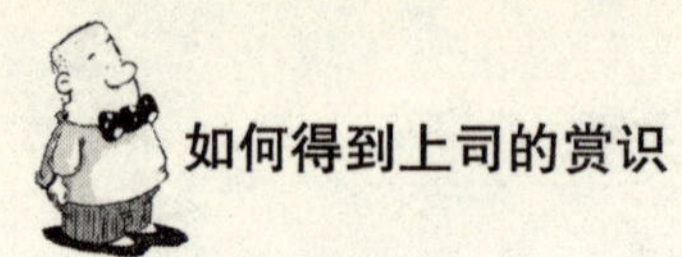

样说几句无关痛痒的话，而是时刻陪在乾隆身边，痛哭流涕，一连几天，茶不思，饭不想，赢得了乾隆的好感。久而久之，乾隆当然就把和珅当成自己亲近的人，当然会重用了。

感恩是为人之根本，俗话说“吃水不忘挖井人”，可是有些人恰恰就会忽略那些曾经帮助过自己的人，有些人对上司给予的帮助往往当成是工作的必要，而没有任何的感激之情，更无从谈起让上司感受到来自下属的感恩。每个人都在意付出后的回报，上司亦然。

最后，和珅懂得自我定位。他知道自己是什么身份，应该做好什么事，他明白自己不但是大清朝的官，还是皇帝的心腹，所以，除了处理好官场上的问题外，他还要解决好皇帝的问题。

定位是个老生常谈的话题，定位是一切的开始，职场中人一定要明白自己的位置、明确自身职责，如若不然只能“事倍功半”，甚至会出现执行力越强，距离目标越远的情况。

在如今的职场当中，上司已经不再是“普天之下，莫非王土，率土之滨，莫非王臣”的威仪四方的君王，然而上下级关系却远比那个时代更为复杂。君王守的是自家天下，职场中的上司却未必都是为老板而卖命。但共同的是，和珅不仅要面对一个皇帝，还要处理好官场中同僚的关系，如今的职场亦然。

2. 维护上司权威就是维护自身利益

上司会犯错吗？当然，人非圣贤，焉能无过。但是，如果上司犯了错，或者在某个公共场合出现了丢颜面的情况，你会怎么处理？

我想通过两则小故事，似乎更容易说明这个问题。

故事一：

乾隆喜欢和珅，后来事大了还不忍杀和珅，有一个重要原因——和珅懂事。

乾隆放屁和珅会脸红。

一日，乾隆与众大臣议事，乾隆没有憋住，啵，一声响，站在身旁的和珅及时地低头，脸微微泛红，滴溜着尴尬的眼神，一脸的难为情。

众大臣无不认为是和珅不识大体，敢在皇上身旁放屁。只有乾隆与和珅知道是怎么回事。

故事二：

电梯里站着新上任的市长和局长，中间站着秘书。市长放了个屁，一股臭鸡蛋炒烂番茄的味道弥漫在狭小的电梯间。

局长用余光扫了一下年轻的秘书，干咳一声。秘书一脸紧张，然后把头转向市长，目光还落在市长的臀部，窦娥一样，并以每秒3~5次的振幅摆手说：不、不，不是我！

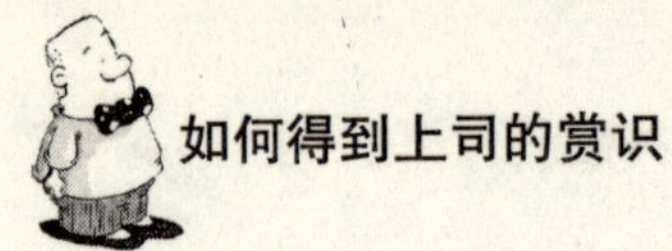

市长当时肯定也不会出声。

第二天，秘书被革职了。理由是：屁大的事都不敢承担，怎能在领导手下做事。

从这两个故事中，我们可以得出这样一个结论：看似屁大的事情，处理好了跟处理不好，结果还是相差很大的。

深层次而言，看似屁大的事，当关乎上司颜面时，那便是天大的事，上司就是上司，在公众场合，树立并维护上司的权威是每一个做下属的应尽的工作职责之一。

中国人酷爱面子，视权威为珍宝，有“人活一张脸，树活一张皮”的说法。而在中国官场上，领导者则尤爱面子，很在乎下属对自己的态度，往往以此作为考验下属对自己尊重不尊重、会不会来事儿的一个重要“指标”。

从历史上看，因为不识时务、不看上司的脸色行事而触了霉头的人并不在少数，也有一些忠心耿耿的人因冲撞了上司而备受冷落。

《三国演义》中，官渡之战前，许攸投奔曹操，献了一系列的妙计，为曹操击败袁绍，夺得河北之地立下了赫赫功劳。在曹军占领冀州城后，一次聚会时许攸直呼曹操小名，说道：“阿瞒，不是我献计，你能得到这座城池吗?”曹操部将许褚大怒，拔刀杀了许攸。得意忘形的许攸，当众一点不顾忌曹操的面子，虽然曹操本人当时没说什么，但心里想必也动了杀机，所以事后只是责备了许褚几句。

面子和权威之所以如此重要，根本原因在于它们与上司的能力、水平、权威性密切挂钩。得罪上司，轻者会被上司批评或者大骂一顿；遇上素质不高、心胸狭窄的上司，可能会被打击报复，暗地里给你穿小鞋，甚至会一直压制你的发展。

与上司打交道是世界上最有学问的事，做得好了，职场上一帆风顺，做不好，那日后说不定上司会经常给你小鞋穿。在上司犯错这件事上，应该具体问题具体对待，对于特别独断的上司，员工为了自己的饭碗，还是少说为妙。对于一些比较理性的上司来说，员工可以找恰当的方法帮他指出来，比如私下聚会委婉提醒，或者以旁人的故事来隐喻，或者通过短信、邮件等方式提示，聪明的上司自会理解员工的良苦用心，并会感激他，毕竟这是帮助人的事情。

如果上司的错误不明显，无关大局，其他人也没发现，不妨“装聋作哑”。如果错误是显而易见的，上司的确有纠正的必要，最好寻找一种能使上司意识到而不让其他人发现的方式纠正，如一个眼神、一个手势，甚至一声咳嗽都可能解决问题。

聪明的下属总知道要背着一架梯子——永远给上司台阶下。相信大家一定对于“我是一个愿意接受别人意见的人”这句话不陌生。要是你的上司这么说，千万别太相信了。因为自己直言指责上司的错误而大受赏识，未来前途一片光明灿烂，这种情况大多只能在历史故事或者电视剧中看到，所以请别冒这个险。

那么，应当如何维护上司的权威呢?

一、当上司犯错时，请你不要当众指出，因为这不仅仅是个人面子问题；还有上司权威问题，没有哪个上司会喜欢一个让他当众出丑的下属。即便是上司错了，也要采取委婉的措施让他认识到错误，并心甘情愿地去接受你的建议。

二、即便是只有你们两个人的时候，你也不要直言不讳地指出上司的错误，哪怕你们的私人关系亲如朋友。任何一个上司都不希望被下属教训，相反，你应该通过一种巧妙的方式来告诉你的上司，认真分析按

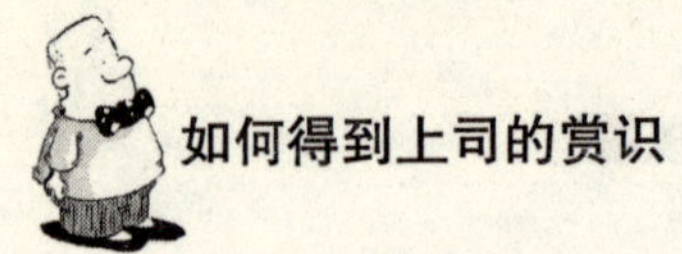

照现在的做法做下去会有什么样的后果，会对上司的前途与事业产生什么样恶劣的影响。换位思考更容易使你的上司接受你的建议并采纳，同时也会让他对你独特的见解刮目相看。

三、上司理亏时，给他留个台阶下。常言道：退一步海阔天空，对上司更应该这样。上司并不总是正确的，但上司又都希望自己正确，所以给上司台阶下就是维护了上司的尊严，上司必然心知肚明，理解你的善意。

四、公开场合，上司的权威最为重要。你一定要知道，在你的上司出席大型活动或者参与各类人际交往活动时，你无论如何都是下属的身份，千万不要因为想要得到他人的注意而得意忘形掩盖上司的光辉。一定要记住，这个时候，你是个配角，你的作用是衬托上司的气势。

和客人洽谈时，拿取、递接资料，端茶送水，都应由下属完成；和上司一起用餐，应替上司开门、关门，中途需要服务时叫服务员，用餐结束去结账；和上司一起出差，替上司安排好交通工具，订好票，安排好吃住行；拜访时，和对方上司见面，如果双方上司不认识，主动为他们介绍，如果都认识，由他们先行相互寒暄……

看似小事，但却会给上司留下深刻的印象，为你以后的晋升打下基础。

五、服从命令，努力做好协助工作。做上司的协助工作，是下属的本分，这也是维护上司权威的表现。下级在日常工作中积极响应上司的号召，自觉配合上司工作，不能阳奉阴违、口是心非。当发现上司决策错误时，请参照以上第一、第二条。

六、千万不要背后议论、诋毁上司，或是发泄不满。因为世上没有不透风的墙，你的每一句话都有可能传到上司的耳朵中，千万不要因为一时的痛快而给自己带来不必要的麻烦。

2008年10月16日下午4时左右，巴中市通江县部分乡镇和部门主要负责人，均收到了一条“奇怪”的手机短信，原来是一乡干部不满某县上司作风，屡次提意见未果，便群发短信借以暗讽。很快，发短信的人被当地县公安局以行为“构成侮辱”被处以行政拘留5日；紧接着，通江县纪委也作出决定，对始作俑者处以留党察看两年，并全县通报。

不用多说，这个人的政治生命也便就此终止。换到哪一个上司也不会用一个这样冲动的下属，如果就因为意见未被采纳而攻击他人，也从另一方面证实了当事人自身的气量实在太小。

古往今来，权威对于领导者具有十分重要的作用，它是一种力量，是权力和人格的聚合，也是威望和威信的展现。维护他人的形象，维护上司的权威，其最大利益获得者是他人，但是最终最根本的是保护自己，我们做的工作是尽最大能力维护自己，为自己架构起一道强而有力的防火墙。

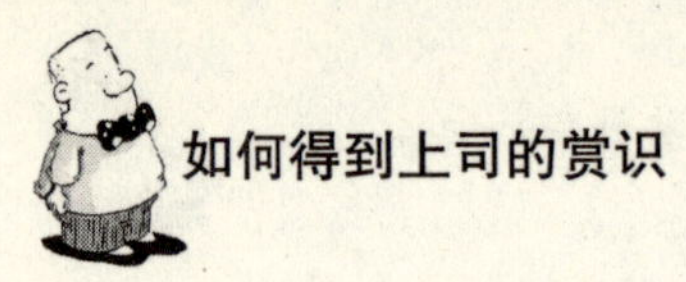

3. 窥视、传播上司隐私是扼杀职场前途的凶手

比尔·盖茨在《优秀员工 10 大准则》一文中说："一个好员工，必须首先对自己所在公司或部门的产品具有起码的好奇心。"

好奇心激发人类去发现、发明、创造。事业上成功的人无一不是好奇心极强的人。打开人类历史发展的长卷，我们不难发现，好奇心是人类不断进行发明创造的可贵品质之一。爱因斯坦在幼年时曾惊讶于罗盘的指针永远指向北方，并由此唤起了他对科学研究的好奇心。后来，他说道："我没有特别的天赋和才能，我只有强烈的好奇心。"一语道出了科学家成功的奥秘所在，不仅科学家需要好奇心，普通员工要有所成就也需要好奇心。对于一切从事科学研究的人员和一切想有所发现、有所创造的员工来说，好奇心都是应当具备的起码的品质。

国人的好奇心向来都是强得令人吃惊的，但是好奇心有两种，一种是对新事物、新现象的探索、求知欲，这是好事，值得提倡，它可以促进社会的进步。还有一种好奇心，是一种低级庸俗的猎奇心，它的表现是这样的：假如有人在路边向一只蚂蚁身上吐了一口唾沫，然后蹲下去看蚂蚁如何从他的口水海中挣扎出来，不久，准会围一大堆人看。

事业上的好奇心往往是创新的开始，而对上司生活隐私的窥探与不良传播，却一定是扼杀你职场前途的凶手。"彼说长，此说短，不关己，莫闲管。"《弟子规》里的这句话教导我们：和自己无关的事情不要乱发言。《弟子规》基本上就是清朝的《小学生守则》。但在职场上，即使简单如《小学生守则》里的内容，我们能保证都做得到吗？

在某单位，工作人员发现一段时间以来，每天下午都会有一个年轻美貌的女子走进上司的办公室，而一旦这个时候，上司就会关起大门，不接电话，也不知道是为了什么。于是有好事的人就怀着好奇的心情推测“那是上司的小蜜吧？是上司新认识的情人吧？”很多谣言就在这种不明真相的“探究”中诞生，并逐渐演化成不明真相人嘴里的事实。直到最终有知情者道出“那是上司的女儿，最近在研究出国深造的事情”，这时候人们才恍然大悟，原来那是上司的女儿。

可是好事者并未由此终止推测“上司这么有能力，一定有小情人吧”，这就是中国人的劣根性，巴不得他黑暗的推测是事实，并喜欢研究上司的隐私。

“没有隐私的上司不是上司，没有隐私的名人不是名人”，对于从事秘书工作，或者已经成为上司心腹的人来说，在工作中，不可避免地要了解一些上司的隐私。由于上司的私生活一般与工作无关，因此，上司的隐私不要窥视，即便看到了、知道了也不要四处传播，即便是正面的信息，在没有得到上司允许的情况下，同样要严守秘密。对于上司的隐私，看见了要当作没看见，听见了要当作没听见，只有这样，上司才能真正放心让你协助他的工作。

某机关单位上司酒后不小心透漏自己曾因生活不检点，染上性病。坐在一边的小秘书仿佛听到天大的秘密一样兴奋不已，回到家里便和自己的闺密兼同事分享了这一重大发现，并千叮咛万嘱咐不要说给第三个人听。然而，她的闺密却并没有严守秘密，不久之后办公室几乎人尽皆知，上司一怒之下将该秘书辞掉了。而因为她不能严守秘密，其他单位

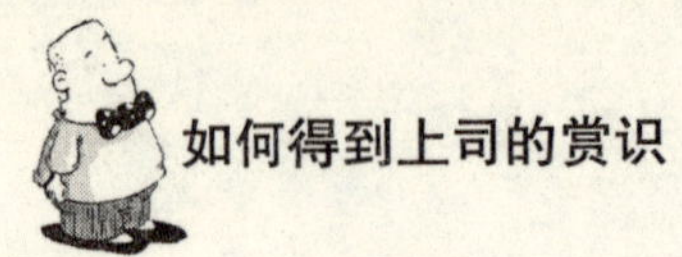

也不愿意接受，大好的前程和铁饭碗也便毁在了自己的口中。

更令她意想不到的是，她走后不久，她自认为关系最好的闺密成了上司的秘书，顶替了她的位置。

有人说，办公室里无友情，同事之间无朋友。这话虽有些绝对，却也不无道理。

笔者朋友所在的单位，看似和谐无比，人与人之间貌似充满了友谊，并常常被来访者误认为是一个和谐的大家庭，对该单位充满了向往。而事实上并非如此，在这个单位里，人与人之间的关系由利益的导向决定，今天，A 与 B 是无话不说的好朋友，明天可能就是无话可说的对手。而在这种环境中，故意传播、泄露，甚至捏造上司隐私或者上司“秘密”便成了一种不可替代的武器。

有一次，单位从外地调来一位新同事，我们姑且称之为老 C。从老 C 进入办公室的那天起，便成为各派暗中争取、拉拢的对象，老 C 倒是也乐得尽快熟悉办公室政治形势，和所有的人都保持着友好的关系。一时间，老 C 似乎成了单位的神父，几乎所有的人都要找他聊聊天，说说单位的情况。老 C 在不知不觉中成了单位的焦点，在这些同事真真假假的聊天内容中，主要还是对人的评价，而非对工作的探讨。

小 A 说，我知道上司对谁好，对谁有意见；小 B 说，我知道上司是谁提拔起来的；小 D 说，我知道上司和某某之间有不正常关系；小 E 说，我知道上司和某某曾经做过什么不合规矩的事。而这所有或真或假的事情，都被他们当成了证明与上司之间亲密关系的证据，以此让老 C 进入他们中的某个小集团。

可是事情的结果并没有像所有人预想得那么简单，这个老 C 是上司多年的老战友，为了真实了解单位的人际关系，上司与老 C 都没有对外公开这个秘密，而是保持了一种高度的默契，借用这种方法了解单位复杂的人际关系，摸清楚到底谁可信，谁不可信。

事情的最终结果便是，ABDE 在今后的工作中再也得不到上司的重用，他们在职场中因为自己的嘴巴，丢失了竞争力。

同事之间，即使是最好的朋友，适度地保留空间、守住自己和他人的隐私还是很必要的。

正如《一个外企女白领的日记》中所说，我们现在不是生活在艺术家笔下那种虚无缥缈的江湖之中；如果说金庸笔下的江湖充满了险恶，那么，现代职场的险恶可能是有过之而无不及，自己必须小心谨慎。如果说当年的刀侠剑客能为后人所景仰，是因为他们视当时的江湖规矩如生命，义薄云天，那么，在现代的职场上，我们必须遵守现代职场的江湖规矩，否则，我们就像塞万提斯笔下的唐·吉诃德，举着大长矛去刺风车一样，过时且可笑。

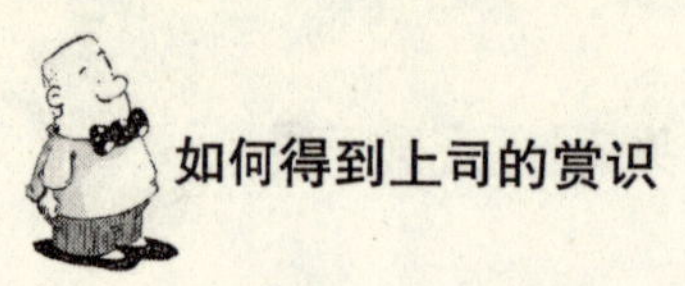

4. 不卑不亢、不媚上欺下是晋升的保证

春秋末年，齐国宰相晏子奉命出使楚国，因为他身材矮小，楚国人就在大门旁边开了狗洞，请晏子从狗洞进去。晏子不肯进，说：“只有出使狗国的人，才从狗门进。我现在出使的是楚国，不该从这个门进。”楚国人只好又领他改从大门进去会见楚王。

楚王说：“齐国难道没有人了吗?”晏子回答说：“齐国的临淄有三百个居民区，所有的人要是把衣袖举起来，可以组成一道围墙；大家甩一下汗水的话，就像下了一场大雨，怎么能说没有人呢?”楚王说：“那为什么派你当使者呢?”晏子回答说：“齐国派遣使者根据出使国的情况而定。贤能的人就派往有贤明君主的国家，那些无能的人则派往君主无能的国家。我晏婴最无能，所以出使楚国。”

晏子不卑不亢的态度帮他最终圆满完成了使楚的任务，并获得了应有的尊重。

不卑，就是不卑躬屈膝，做出一副讨好、巴结的样子，这是有损人格的；不亢，就是不自傲，不以老大自居。盛气凌人，自视比别人高出一筹，必然会引起别人反感。不论找什么人办事，不论对方地位高低，资历深浅，条件优劣，都要奉行不卑不亢，热情谦让的准则。只有不卑不亢才能够得到他人的尊重。

电视中我们经常能看到这样的镜头，皇帝面前的大臣们虽一个个学

富五车，却在主子的权威面前变得一无是处，一旦回到自己的一亩三分地，却又对自己的下属吆五喝六。一方面这是因为皇帝掌握了生杀予夺的大权，另一方面则反映出了下属的奴才心理——上司面前无人格。

没有哪位上司会欣赏连人格都丢弃的下属，哪怕是他再独裁、再强势，也不会喜欢一个没有独立思想、只会唯唯诺诺的人。尤其是在以工作业绩论成败的今天，工作业绩才是硬道理，即便是溜须拍马，想要成功，也必须基于自身能力得到认可的前提下。试想一个一无是处的人去向上司谄媚，上司一定会认为他是偷奸取巧，得到的结果必然是遭人唾弃。

因此，职场中需要遵循不卑不亢的行事准则。

一般而言，人们大都喜欢在彼此平等的状态下交往，由“卑”或“亢”所产生的距离和人际交往的鸿沟，会使彼此无法构建友谊的桥梁。所以，为人处世应该保持的良好态度就是不卑不亢。

在如今的企业制度下，业绩考核标准量化清晰，仅靠溜须拍马或者表现出卑下的姿态，已经很难再让上司认可，甚至会让上司产生鄙视。

而在政府机关或者事业单位，不得不承认仍有这样的人存在。

宋朝时，有一个叫李师中的官员，原来政见与王安石不合，等到王安石权势渐大，李师中就在舒州（今徐州）花巨资让能工巧匠建了一座豪华的亭子，取名为“傅宕亭”。因为王安石曾在舒州做过官，后来又被封为舒国公。李师中这样做，是把王安石比作商朝武丁时期治国有方的良相傅说，对王安石可谓推崇备至了。还有一个叫吴孝宗的官员，曾经极力诋毁新法，可是过了不久，他一反常态，来了个一百八十度的大转弯，写了《巷议》十篇，呈送给王安石，内容是他编造的，说的是街巷之间的百姓都在议论新法的好处。王安石不为所动，根本不理这

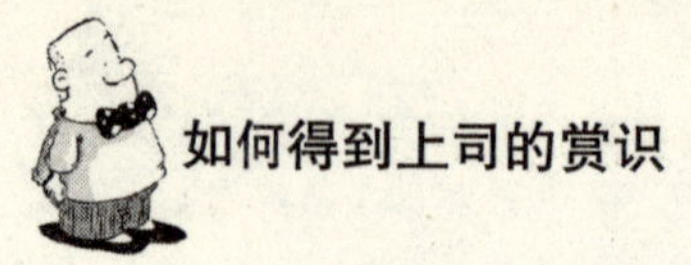

一套，反而认为这些人反复无常，对他们极表鄙视。

自然，在封建王朝中，因为皇帝为天的缘故，造就了无数一人之下万人之上的宠臣，所以人们攀龙附凤的心理实际上也是谋求自保的方式，我们无可厚非。然而，在今天的官场中，若依然信奉依靠谄媚上司便能获得赏识，不能不说这是奴才心理作祟的结果。

笔者在与某单位人员集体会餐时曾亲历过这样一件事：该单位有一位中年干部，官至副处，交换名片时一旦看到对方的职位比自己高，便表现出强烈的谦卑感，说话唯唯诺诺、行为谨小慎微，与古代皇帝身边的太监毫无两样，一副奴才嘴脸。不得不承认，这样的举动需要一定的“修为”，一般人可能达不到这样的境界。但这位中年干部在该单位的口碑并不好，坐在我身边的该单位的人悄悄告诉我，这个人，平日里对上司谄媚的姿态几乎让所有人都忍无可忍，就连主管上司都几次委婉地告诫他，直起腰来，说话大点声。

事实上，他并不是对所有人都表现出谦恭的姿态，对下属，或者对那些上门找他办事的平民，那就不是一般的狂傲了，那架势仿佛是要把从上司那里丢掉的尊严全都找回来。

这个人的工作能力不能说不强，在该单位完全可以独当一面，可是因为他这种态度，让所有的人都受不了，包括他的顶头上司都认为这个人政治立场不坚定，是彻头彻尾的墙头草。周围的同事都尽量远离他，他的生活中几乎没有什么朋友。

即便他怎么做出业绩，即便他怎么讨好上司，都得不到上司的赏识和重用，相反，在上司心情不好的时候，他往往就成了出气筒。

人格问题大于天，中国人是讲面子的，这个面子不仅仅是说你要给我面子，而是和我交往的你在社会上也要有面子才行，否则你我之间在

一开始便有了一道鸿沟。

如果说不媚上是一种保持了自己的人格尊严，从而赢得他人的尊重。那么不欺下，则是一个人的品德问题。我们总是能看到有些人眼睛向上看，在他心里，上司才能给他最直接的利益。而事实上，不论是在政府机关还是在企业，能决定你是否晋级的恰恰是下属。这就是唐太宗李世民所说的"水能载舟，亦能覆舟"。

下属决定你的前途，听起来不可思议，事实上恰是如此。当你身居中层时，你的工作往往是依靠下属的协作完成的。欺下的上司大多没有好下场，一个简单的例子就是张飞之死。号称"千军万马中取上将首级如探囊取物"的张飞，一生戎马，战功赫赫，却没有死在战场上，而是死在两个无名小卒手里，其原因也便是他没有尊重下属的人格。刘备时常劝张飞："卿刑杀既过差，又日鞭笞健儿，而令在左右，此取祸之道也。"

在今天的职场中，也是如此，下属的拥护是你成功的保障，当你一呼百应、万众拥护时，不需要你使什么手腕，也可以很轻松地取得成功。如果你只知道走上层路线，一旦提拔你的上司出了问题，那你的晋升之路也就走到了尽头。

所以，偷奸耍滑不可取，协调好各方面关系，对上司与下属都不卑不亢，才是晋升的保证。

5. 正确领会上司意图

据说，当年“东北王”张作霖在一次宴会上给日本人书写条幅，有意落款为“张作霖手黑”，秘书不知其中的讲究，好意提醒应为“手墨”。张作霖听罢大加训斥：我难道不知道“墨”字下面有个“土”？事后他解释说，正是因为日本人索字，才不能带土，这叫“寸土不让”！原来张作霖是选择一种暗示性的方法来表达真实意图，秘书不懂其中的奥妙，自然理解不了其真实意图。

所谓“上司意图”，简单地说就是指上司的意思，它可以是明示的，也可以是暗示的，可以是口头的，也可以是书面的。上司的思想、主张，大都是通过言谈阐发出来的。平时，无论是跟随上司检查工作、参加会议，还是在处理日常事务中，对上司的发言以及主要观点和主张，要准确记录下来。对上司口头交代的内容，也要注意反复领会。尤其是上司在各种非正式场合的谈话，平时比较零碎的看法、意见等，一定要“善闻其言”，细心收集。这些思想虽然可能一时用不上，但它往往是形成上司意图的重要过程和内容，把握它就能为及时、准确捕捉上司意图打下基础。

现在的上司不再是简单粗暴地发号施令，而是客客气气地讲出自己的要求，有时还一副欲说还休的样子。这就要求聆听者足够聪明，能将上司没说透的意思彻底地领会，这其实也是一种能力。

另外，上司为了考察一个人，或者为了尊重部下，有时候，往往不将自己的意图说得那么明显。这时候就需要多一点心思，仔细去领会其中的意思，才有可能与上司达成默契。

上司说话各有各的特点。或简或详，或快或慢，或直或曲，千差万别。有时，他说了，你认为你懂了，事实上，你听到的与上司头脑里想的还有一定差距。如果你一知半解，懵懂着去干，不是不周全，就是把事情做砸，后果可想而知。

所以在职场中，有时候，上司说不，有可能是在等你说是；上司说不好，有可能是在等你说好。

当你和上司正在为一个问题激烈争执时，他很不耐烦地挥挥手说："好了，你自己看着办吧。"你千万不要以为他已经被你的口若悬河所征服，心甘情愿地把决定权交给了你。其实，他只是对你不能及时领会他的弦外之音感到厌烦。他的意思是：你回去好好想想，想清楚了再来和我谈。

在机关工作，都会有这样的经历：有时候，上司的意图表达得非常明确，这时正确理解贯彻比较容易。但有时上司的意图表达得十分隐晦，有时可能只是某种暗示，在这种情况下理解上司意图的难度就大一些。

领会上司的意思，是官场中人不可或缺的技巧。它可以给上司以懂事明理、机智灵活的感觉。上司都喜欢"机灵"的下属，想让自己变得"机灵"点儿，能够把握上司的意图，就得多做事，多思考，多揣摩。要时刻领会上司的意图，不要违背上司的意愿做事，要让上司感觉你是个可造之材，并且是其心腹，是值得他信赖的人，这样你就有升职的机会，反之，不用说升职，恐怕连"饭碗"也不保了。

当上司询问部下“还好吗”或“工作还顺利吗”时，他们并非想探究你目前的状况，而是表现友善，并希望你的回答是“一切都很好”。他们并不想听到诸如工作中的不顺利，如“无法解决工作中遇到的问题”，“这也有困难那也有难题”等等丧气的话。

很多上司通常喜欢借着问东问西来了解下属的工作情况，下属如果搞不懂他究竟是什么意思，最安全的办法是，进一步问明确：“请问您的意思是什么?”这比起你贸然开口要好得多。

在工作中，上司意图是从本单位的实际情况中来的，也是按照事物的发展规律经过思考筹划而来的。因此，准确领会上司意图首先要全面掌握情况，与上司“想到一块去”，也就是明确了上司的目的你才能把事做好。

要领会上司意图，首先要学会换位思考，站到与上司相同的高度去领会上司意图，而不是站在你做下属的角度上去以偏概全。要学会超越自己的职位去想上司要你做的事，力求做到与上司同步思维甚至超前思维，而不能局限于自己的年龄、职务去考虑问题。

其次，还要加强交流，千万不要不懂装懂，否则有可能导致上司的意图和你做出的结果“南辕北辙”。在接受任务时，有的人实际上并没有真正弄清上司的本意，但怕上司说自己理解能力弱，工作能力差，担心给上司留下不好的印象，不敢询问明白，更不敢提“为什么”，而违心地回答“明白”、“是”。这个时候就需要你对上司的思维习惯有着深入的了解，当你不能清楚地了解上司意图时，一定要问清楚，千万别走错了方向还不知道回头。

在执行上司意图时要坚持高标准，不拖泥带水。让上司放心，让上司满意，无消极影响，无后遗症，是办好事情的基本要求。因此，在办事中一定要尽善尽美，坚持高标准。要有严谨细致的工作态度与埋头苦干的敬业精神，事事想得细、做得细，干净利索，避免丢三落四、顾此失彼的现象。切忌办完事情不做声，把上司蒙在鼓里，更不能虎头蛇尾，拖拖拉拉，搞“半截子”工程，使上司交办的事长时间办不到位，甚至有始无终。

有的人不肯扎扎实实下苦工夫提高自己的业务能力水平，把精力放到了揣摩上司的个人喜好上，以为这样就可以“另辟蹊径”。殊不知，这样揣摩来揣摩去，就算一时能博得上司的好感，但其结果往往是一不小心就“拍马屁拍到马腿上”。

另外必须注意的是“上司意图”是否正确，是否违法乱纪。如果明知上司意图是错误的，是违法犯罪的意图，还要不折不扣地去执行，那么在主观上就存有故意之嫌，恐怕不仅不能“讨好”上司，还要承担相应的法律后果。

6. 职业操守是职场道德底线

什么是职业操守，职业操守是人们在从事职业活动中必须遵从的最低道德底线和行业规范。

时代发展到今天，出现了两个很大的特征，第一是科学技术的飞速发展改变了我们的生活，让我们充分享受到了科技带来的种种便利；第二是在“拜金主义”和“享乐主义”思潮的影响下，我们变得越来越嫌贫爱富，由此也变得浮躁起来，对于所谓的权威奉行“拿来主义”。

表现在职场中，便是人们变得越来越不愿意思考工作前景、工作规划、公司发展战略，更多的是在考虑晚上吃什么、去哪里约会等诸如此类的杂事。人们对于上司交代的任务也不会仔细琢磨是对还是错，是否有值得完善的地方。没有人把心思放在提升工作质量上，而是抱着一种“公司是你的，工资是我的，给我多少钱，就干多少活”的心态，把职场中最基本的职业道德和职业操守置之不理，凡事向钱看，有了钱，什么都好做，没有钱，一切都免谈。

拜伦曾说过：“我生来绝不是为世俗这沉闷的戏文扮演繁忙的配角。我们也许并不能在世间唱主角，但我们起码要做我们自己人生的主角。这是我们作为人的最基本权利，是维护我们人格的最基本要素。”

人格靠什么维护？在职场中就要靠职业道德和职业操守。你很难想象一个没有职业操守的人能够得到大众的尊敬和认可。

如今哪些职业失去操守的现象最严重？中国青年报社会调查中心通过题客调查网，对全国 12 575 名公众进行的一项调查显示，公众给出的排序依次为：医生（74.2%）、公安干警（57.8%）、教师（51.5%），其后是法律工作者、公务员、新闻工作者、会计师、学者、社会工作者。哪些职业失去操守的现象最可怕？依然是医生（82.4%）、公安干警（69.4%）、教师（64.6%），其后仍为法律工作者、公务员、新闻工作者、会计师、学者、社会工作者。

职业操守是一个人在他的职业生涯中必须遵守的法则，也是最基本的要求，职业操守中最重要的原则也便是尽职尽责。在职场中每个人都有一个位置，这个位置便决定了你应该做什么、应该做到什么，如果达不到职位要求也就丧失了职业操守。

随着社会文明的发展与进步，社会分工日益细密与专业化，每个人都在不同的领域或岗位进行着自己的职业生涯。唯有每个人坚守住各自的“操守”与职业底线，我们的社会才会更加有序和谐健康地发展与进步。

试想一下，假如人们都失去了职业操守，都不再遵守职业道德，那这个世界会变成什么样？你还能想象自己的生活吗？

早上出门，发现天气预报人员报错了温度，把零上报成了零下；想坐公交车，但是在车站等了半个小时，一辆车都没有来；好不容易等来了，你又发现司机竟然和同行飙车，一个急刹车让你的脑袋磕在了椅背上鼓起了包；你感觉无碍，但是警察很尽职，一定要把你送到医院；在医院，医生告诉你，这个很复杂，你要做 CT、化验血液、拍 X 光……等你把健康的身体检查完，想打车回家，劳累之下，说完地名便靠在出租车上睡着了，等你醒来，发现你还在北京二环上绕圈子，距离你家还有一个小时的路程，你大怒让司机停车，司机二话不说，把你扔在了二环主路上……

这还只是失去职业操守所产生的小问题，却往往让我们的生活陷入到空前的混乱状态，如果说这都是些小问题，那还有更大的问题让我们预想不到。

贪污受贿、腐化堕落、假冒伪劣、牛奶掺毒、矿难事故、虚报浮夸等等，表面上看是违法乱纪的恶德败行，而究其实质都是“职业操守”丢失蜕变所致。

而职业操守丢失的根源，在于某些人利用自己手里的公权谋取私利所致。

人们常说，一个成熟的职场人应该够“职业”。就是希望他能用理智的态度对待自己的工作，除了积极努力地完成分内事以外，他还应该能够从容地面对职场中的种种变故，懂得各种游戏规则。而这些往往是很多人所欠缺的。

有这样一个故事：

一家中外合资企业要招聘一名技术员，考卷中有这样的问题：“你所在的企业或曾经就职过的企业经营成功的诀窍是什么？所生产的拳头产品或名牌产品的技术秘密是什么？”在众多写满答案的试卷上有一张上毅然写着“无可奉告”。最终这位应聘者被聘请了。很多人觉得不可思议，其实道理很简单，因为他有职业操守，这也正是这家企业上司所看好他的原因。一个没有职业操守的人能出卖原来的企业，也就有可能出卖他将来的企业。这样的人即使他有渊博的知识和精湛的技术也不会被重用，不会取得什么大成就来。

在公司中，在现代职场中，职业操守是每一个公司对员工的基本要求，职业操守也是职场中的“潜规则”，如果你不能遵守，那你就只能下课。

国有国法，行有行规。一个人在社会中选择从事了某一行业或到一个具体的岗位做事情，理应对自己的选择负责，尊重自己的职业，热爱自己的岗位，忠于自己的职责，秉持起码的道德良心与公理，以高度的责任感搞好自己的分内之事。如若不然，社会就有可能陷入混乱无序的疲惫状态，让发展受到阻挠，增大发展的成本。

二

有效沟通
是职场艺术的精髓

1. 马屁要拍，但不能没有原则

马屁精的存在与利益总是分不开的，马屁文化在中国可谓历史悠久。人类原本不会拍马屁，自从有了等级的划分，有了利益的纠缠，也便有了马屁艺术。

汉文帝之母薄姬，用一句马屁话改变了自己的一生。

由于薄姬原来在后宫一直是默默无闻、不受器重的人，听到刘邦要召见她，来了精神，她意识到机会来了，于是决定使用马屁技术。她见到刘邦后说："昨暮夜，妾梦苍龙据吾腹"，用现在的话说就是，我昨天晚上梦见我肚子上有一条龙。由于刘邦是因为可怜她，才召见她，结果她见了刘邦说了这句话，刘邦甚是高兴，尽兴地宠幸了她，史书记载，刘邦召见薄姬仅此一次，薄姬居然就怀孕了，生下来就是刘邦的第四子刘恒，就是后来的汉文帝，薄姬自然也当上了皇太后。

这大概是拍马屁改变命运的经典案例。

拍马屁，这个词汇看上去似乎很下三烂，似乎总有通过不正当手段升官发财的意味。其实不然，生活中拍马屁很重要，一点不会拍马屁的人可以说寸步难行。比如，和女友恋爱，为了赢得美人心，要不要学会拍女友的马屁？为了拥得美人归，要不要拍拍丈母娘和老岳父的马屁？推销员和客户打交道，要懂得一些拍客户马屁的方法；政治家为了赢得

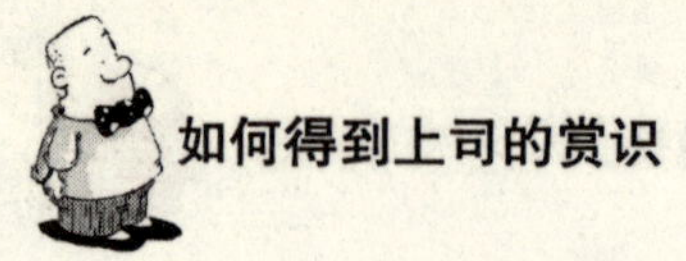

选民，有时也会用肉麻的笑容和谦卑的表情来迎合选民……可见生活中的马屁是无处不在的。

江苏前任建设厅长、贪官徐其耀给儿子的一封信非常著名，其中一段关于拍马屁的艺术论令人叹为观止，徐在信中对儿子语重心长地说道：“要相信拍马是一种高级艺术。千万不要以为拍马只要豁出脸皮就行，豁得出去的女人多了，可傍上大款的或把自己卖上好价钱的是极少数，大部分还是做了低层次的三陪小姐。这和拍马是一样的道理。拍马就是为了得到上级的赏识。在人治的社会里，上级的赏识是升官的唯一途径，别的都是形式，这一点不可不察。”

上司首先是一个人，作为一个人，他有他的性格、爱好，也有他的作风和习惯。对上司有个清楚的了解，不要认为这是为了庸俗地“迎合”上司，而是为了运用心理学规律与上司进行沟通，以便更好地处理上下级关系，做好工作。

人性中有一种最深切的秉性，就是被人恭维的渴望。与上司交往时要永远记住，上司都希望下属恭维他、赞扬他。你要找出上司的优点和长处，在适当的时候给上司诚实而真挚的恭维。你可以请上司畅谈他值得骄傲的东西，请他指出你应该努力的方向，你要恭恭敬敬地掏出笔记本，把他谈话的要点记录下来。这样做会引起他的好感，他会觉得你是一个对他真心钦佩且愿意虚心学习的人，是一个有培养前途的人。

乾隆帝喜欢吟诗作赋，和珅早年就下工夫收集乾隆的诗作，并对其所常用的典、诗、词、风等了解得一清二楚，闲来还有所唱和，为此，乾隆帝对他另眼相看。而作为一个满人，和珅能在诗词上有所建树，这着实不易！清朝大文学家袁枚就曾诗夸和珅：“少小温诗礼，通侯及冠军。弯弓朱雁落，健笔李摩云。”另据朝鲜使臣记载：乾隆帝每问及和

珅一件事，和珅不仅回答得条条在理，还能将事情的来龙去脉说得清清楚楚，令“上意甚欢”。

事实上，到了乾隆十分器重和珅，可以任他拍马屁的时候，他们之间已经形成了一种默契，用今天的话叫“潜规则”。

当然这是一个反面的例子，但需要我们辩证地来认识这一问题，从积极的角度来说，拍马屁是为了更好地接触上司，由于上司所处的地位，使他较容易获取各方面信息，了解方针政策，因此考虑问题就比较全面，处理工作也比较慎重。作为下属，应经常注意上司的情绪，了解上司的思维习惯和工作作风。对上司的指示应认真理解，从多方面领会上司的意图，努力和上司保持思想一致，顺利完成工作任务。如若粗枝大叶，随意理解，草率处理，就可能违背上司的初衷，影响整体工作。

今天的职场也有很多人对历史上的官场“厚黑学”深有领悟，他们善于阿谀奉承、溜须拍马，很得上司喜欢。真正聪明的上司，不一定重用拍马屁者，但也不会一概排斥拍马屁的下属。为什么呢？如同乾隆对和珅一样，他身边需要一个能让人心情低迷的时候，马上开心起来的人。

当然，拍马屁要看目的，如果是为了一己私利，那将造成不可挽回的后果。

《天下无贼》里刘德华说的一段台词，“你凭什么不拍马屁啊？你凭什么不能向人低头？凭什么？是因为你单纯啊？你傻！生活要求你必须要聪明起来。我们不让你知道生活的真相，那就是欺骗。什么叫大恶？欺骗就是大恶。”

欺骗式的马屁，就是大恶。

周幽王的妃子褒姒虽然貌若天仙，但从来不笑。周幽王把自己那点可怜的智商发挥到了极致，想尽各种办法，最后还是一无所获。有个叫虢石父的大臣，天生就是马屁精，是个投机钻营的高手，看到周幽王悬赏逗美人，知道拍马屁赚钱的机会来了，赶紧抓住时机。他出的馊主意就是“烽火戏诸侯”，听得周幽王心花怒放，拍案叫绝。

虽然烽火戏诸侯最终博得了美人一笑，但西周王朝就此走到了生命的尽头。

《大唐新语》中有一条记载：御史大夫魏元忠患病，御史郭霸去探望他，见他病得不轻，便提出要尝一尝魏元忠的尿液，尽管魏元忠一再制止，郭霸还是咂咂有声地品尝了一番，说是味道偏苦，病情已无大碍。但郭霸的运气不佳，魏元忠秉性刚直，“甚恶其佞”，把这桩丑事公之于朝廷，郭霸非但没讨到好，还因此名声扫地。

所以，我们必须要清楚地认识到，拍马屁这个事情具有两面性，你可以用在好的地方，也可以用在坏的地方，一念之间，正邪殊途。身在职场中，一定要慎用拍马屁，不能把拍马屁当成晋升的唯一渠道，除非，你的马屁是为了让上司更好地认可你的工作方式，以取得积极的工作结果，否则，一切以一己私利为目的的马屁都没有好下场。

2. 让上司看到你的忠心

孔子曰："君使臣以礼，臣使君以忠。"忠诚，是指对国家、民族、人民、组织、上司、朋友等尽心竭力。它是一个人立身、处世、交友的基本准则，特别是对国家、民族、人民和组织的忠诚，更是我们立足社会、创业立业的基本道德准则。

忠诚，不能不让上司看见，鳌拜就是一个活生生的例子。

据《清史稿·鳌拜传》记载，鳌拜的叔父费英东早年追随努尔哈赤起兵，是清朝的开国元勋。鳌拜本人随皇太极征讨各地，战功赫赫，号称"满洲第一勇士"。皇太极死后，鳌拜不畏多尔衮强权，竭力辅佐幼主顺治，并因此与多尔衮成为死敌，有功而不受赏，反而三次被多尔衮置诸死地，大起大落。但他也因此在顺治亲政以后，深得顺治信任。顺治去世，遗诏命鳌拜与内大臣索尼、苏克萨哈、遏必隆共同辅佐年仅8岁的康熙皇帝，为辅政四大臣之一。然而晚年的鳌拜却也同样犯下专权的错误，成为康熙初年的"多尔衮"，常常当面顶撞小皇帝，并多次胁迫年幼的皇帝斩杀异己。甚至以"心怀奸诈、久蓄异志、欺藐幼主、不愿归政"等24款罪名，提出应以凌迟、族诛之刑处死四大辅臣之一苏克萨哈。为达目的，竟在御前"攘臂上前，强奏累日"，最终将苏克萨哈处以绞刑，并诛其族。苏克萨哈的被杀，使鳌拜与康熙之间的矛盾急剧上升，几乎达到了令康熙不可忍受的地步。最终康熙以"布库戏"

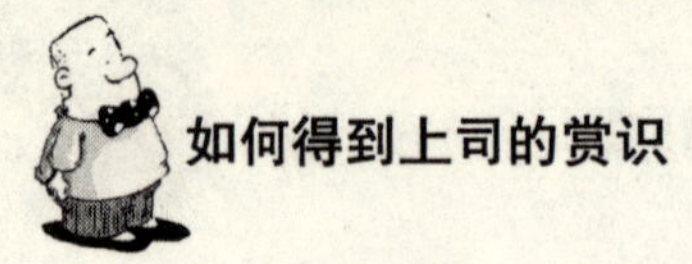

之名智擒鳌拜。

然而康熙最终没有处死鳌拜而是将其拘禁。据史书记载：“五十二年，上念其旧劳，追赐一等阿思哈尼哈番，以其从孙苏赫袭。苏赫卒，仍以鳌拜孙达福袭。世宗立，赐祭葬，复一等公，予世袭，加封号曰超武。乾隆四十五年，高宗宣谕群臣，追覈鳌拜功罪，命停袭公爵，仍袭一等男；并命当时为鳌拜诬害诸臣有褫夺世职者，各旗察奏，录其子孙。”雍正皇帝为父皇康熙起草的《神功圣德碑碑文》，洋洋数万字尽数康熙一生的功绩，但是只字不提擒鳌，非但如此，到了雍正九年，给鳌拜加谥号为“超勇”世袭罔替。由此可以看出清朝皇帝对于鳌拜的功过定位。

鳌拜我们可以理解为居功自傲，也可以理解为他的忠心用了另外一种极端的表现手段，少年皇帝所看到的只是他的桀骜不驯，却不能理解他以此来激励皇帝的手段。

笔者的某位朋友便深谙“忠心要让上司看得见”的道理。

这位朋友进入职场时只是办公室文秘，而且其貌不扬，在那个私人企业中并没有人看好他未来的前途，可是谁也没有想到，两年之后，他成功晋级副总经理。

他是怎么做到的呢？每次单位采购物品，他都要选择物美价廉的，从不会因为是公家出钱，就大手大脚。即便是公司老总亲自要求买一些与公司发展无益的东西，他都会据理力争，阐述公司的钱不是个人的钱的道理，如果老总要买，那就从自己的账户中拿钱，不要动用公司的账。公司老总去报销，他都要详细问清楚，这钱是不是花在工作上，是不是符合公司规定。有时候公司老总会大发脾气，“公司是我的，我想花钱还不行吗？”而他往往只是静静地等老总发完火才阐述道理，“公

司是你的，也是大家的，大家是在合作做事业，不是在打工。”

就是因为他的忠心上司看得见，所以，上司虽然有时候会生气，但冷静后就会欣赏他。他最终成了老总的心腹。

这个道理与魏征在唐太宗面前死谏是一样的，魏征虽然不讨皇帝喜欢，但是皇帝能看到他的忠心，所以皇帝即便生气也不动他。最可悲的就是那些忠心却不为上司所知的人，譬如鳌拜，最终落得个身首异处的下场。

中国人“德才兼备，以德为先”，而最大的德则莫过于“效忠”。不忠的人留在上司身边，上司犹如养虎，这种关系是不利于工作顺利开展的。

但这并不说明上司只挑选可以控制在手中的庸才。他们最需要的是既忠诚又能够独当一面的下属。上司的职责是使每一位员工在各自的岗位上发挥才能，达到部门或全公司整体上的良好效益，所以他们迫切需要那些能够胜任工作的员工。

除此以外，上司希望员工任劳任怨，不乱发牢骚，勤劳肯吃苦，热情并且一丝不苟。最值得一提的是员工应具有主观能动性。也就是说，自己的工作，自己应该动手解决，而不是等着上司发号施令，上面说一句，下面动一下，这样上司不得不分出精力指导具体工作，而不能全身心地做他应该做的工作。

决策是上司的职责，而谋划往往是下属和智囊团的工作。一个组织发展得好坏是与它的谋断有着紧密联系的，因此作为下属要长于谋划，积极为上司出主意、想办法，并能在关键时刻帮助上司下决心、拿主意。同时，下属在帮助上司谋断的时候还要审视组织的发展战略。

但是让上司看到你的忠心并不是打小报告，上司大多并不喜欢背后

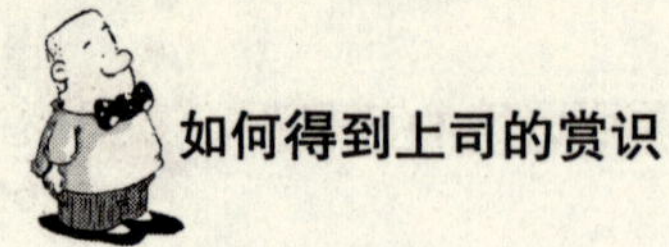

嚼舌头，暗中打小报告的人。最可怜的是，有人为了讨好上司，甚至会捏造一些不存在的事实，以表明自己的忠心。要知道流言止于智者，也就是说，有头脑的聪明人，是不信谣，更不传谣的。因为谣言这个东西，无源无头，虽然传的人都会说是听别人说的，但别人是谁？没人搞得清楚。这样一来，传谣的人往往会被人认作是第一源头。一不小心打小报告的人也就成了公司裁员的对象，而他却不明就里，满腹牢骚。

因为，当大家都忙于工作时，并没有时间去琢磨别人都在干什么、干了什么，也就没有了打小报告的精力和依据，如果一个人总是会知道本单位一些别人不知道的所谓“小秘密”，他的工作一定是不尽如人意的，他的口碑一定是不好的，他的职场生涯也即将走到尽头。

3. 把你的意图变成上司的决策

在很多公司的员工守则上都写着这样一句话——“不顶撞上司”。如果你遭到上司不正确的批评，如果你的上司工作意见与你不和，如果你遭到不公平的待遇……你会和上司发生正面冲突吗?

竞争压力、工作压力、生活压力，让职场中人时常无法控制自己的情绪，一旦有了引爆的火星，便一发不可收拾，造成巨大的杀伤力，不但伤了别人，也会给自己造成不可弥补的损失。

所以，切记，无论在什么时候，无论谁对谁错，都不要和上司发生正面冲突，即便是你打算卷铺盖走人了，也不要和上司吵闹，因为山不转水转，冤家宜解不宜结，你不知道什么时候就又和你的上司会发生千丝万缕的联系。

从古至今，不讲策略地向犯错的上级叫板者，往往适得其反。

《三国演义》中，袁绍的谋臣沮授聪明过人，谋略不亚于诸葛亮、司马懿，曹操曾这样评价沮授说：孤不早相得，天下不足虑（《三国志·袁绍传》)。在三国中，也是沮授首先向袁绍提出了“挟天子而令诸侯，畜士马以讨不庭”的建议。然而沮授却犯了一个严重的错误——顶撞上司，而且他顶撞的还是“色厉胆薄，好谋无断；干大事而惜身，见小利而忘命”的袁绍，最终落得个兵败被擒，客死异乡的下场。

虽然说“忠言逆耳利于行，良药苦口利于病”，但更高的境界是

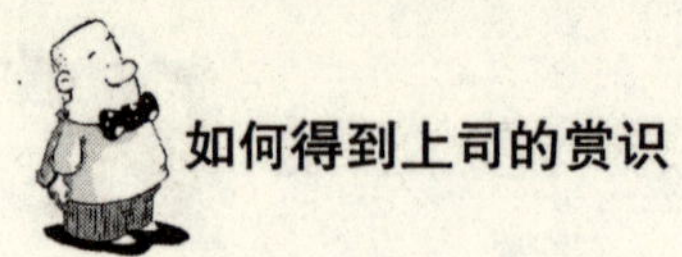

“忠言不必逆耳，良药不必苦口”，当上司有错时，你的目的是让他改正错误，为了达到这个目的，必须注意工作方法，上司的错误可以当面指出，但绝不能当众指出。在指出上司错误时，还要学会像螺丝钉一样婉转曲折地表达自己的意见和建议，这样，你的目的才能达到。

“一样话，两样说。”即使要表达相同的意思，采用不同的方式，听起来感觉也会大不一样。尤其是在工作中，也许你的上司会说“君子同而不合，小人合而不同”，即便如此，你的意见也要委婉地提出，并让上司心甘情愿地接受，而不能硬邦邦地把自己的意见强加给你的上司，其实这种不注意与上司搞好关系的做法，吃亏的只能是自己。上司既是你工作的直接安排者，也是你工作成绩的直接考评者，你即使做好了自己的工作，也不要得罪上司。而是要注意经常与上级沟通，了解上级安排工作的意图，一起讨论一些问题的解决方案。让上司重视你而不是害怕你，喜欢你而非厌恶你。

在职场中，员工与上司不合、顶撞上司是职场中最大的禁忌，员工在工作当中一定要注意工作方式、工作方法，若是因不拘小节而给自己的职业生涯埋下“隐患”，那就得不偿失了。一定要记住一点：与其明争暗斗，两败俱伤，不如努力合作，凡事“小不忍，则乱大谋”，平时应该多检讨自己。

有的员工为了显示自己的才干，往往会对上司提出的意见，横加非议，举出各种各样的理由来否定上司的决策。要知道由于上司所处的位置，使他较容易获取各方面的信息，了解方针政策，因此考虑问题就比较全面，处理工作也比较慎重。作为上司的助手，应经常注意上司的情绪，了解上司的思维习惯和工作作风。对上司的指示应认真理解，从多方面领会上司的意图，努力和上司的思想保持一致，顺利

完成工作任务。

即便是上司真的错了，也千万不要当众跳出来指责他。谁都不是完美的，上司也会犯错。你可以用他能够接受的方式提出你的意见，如私下沟通、发邮件说出自己的想法，供他参考。另外，在指出错误时不要带着证据，这会让他以为你是要摊牌。

受到上司批评时，反复纠缠、争辩，希望弄个一清二楚，这是很没有必要的。如果确有冤情，确有误解的话，可找一两次机会解释一下，点到为止。即使上司没有为你"平反昭雪"，也完全用不着纠缠不休。斤斤计较型的部下，是很让上司头疼的。如果你的目的仅仅是为了不让自己受到"冤枉"，当然可以"寸理不让"。可是，一个把上司搞得筋疲力尽的人，是不可能得到晋升的。

说到下属，不能不说唐骏，因为他是目前最成功的打工者。唐骏在大连理工大学演讲时，曾经说过这样一件事，从中我们可以看到与上司沟通的技巧，唐骏在那次演讲中讲了一个"劝盖茨改行程"的故事：

2003年我接到盖茨秘书打来的电话，她说盖茨要在2月的一天来中国，我大吃一惊，也很惊喜，你们知道吗，我在中国当微软总裁，副总理谁都可以见，就是江主席见不着。盖茨来中国会和江主席见面，我高兴的不是盖茨来中国，是我可以见着江主席了。但算了一下，那一天正好是大年初三，和江主席见面可能有麻烦。我就告诉秘书说不行，那天大年初三盖茨不能来。

你们知道有种人地位不高，但权力很大，秘书很生气，说你竟然敢说不，你可知道盖茨的行程都是一年前安排好的。是，我知道，可是那天来会有麻烦，会面不会顺利。秘书说你自己跟盖茨谈吧。我就打电话给盖茨，告诉他那天不能来中国，他很惊讶，说你可知道我的行程都是

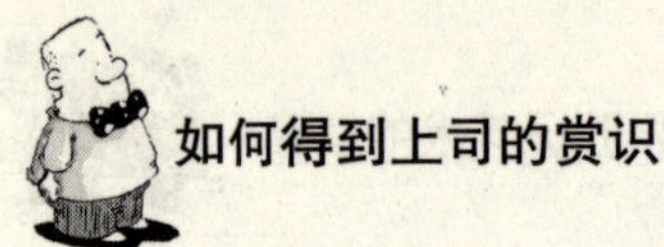

一年前安排好的。你们知道盖茨脾气很大，不是，应该说他是很有“个性”的一个人。我说，我知道，你的行程是一年前安排好的，可是中国的春节是5000年前就安排好的。盖茨更惊讶了。你想想美国人听到5000年是什么概念，盖茨得惊讶成什么样。就这样盖茨同意了改行程。

后来盖茨来中国，我到首都国际机场迎接的时候，盖茨见着我第一句话就是，你好大胆，这是我进入微软36年来第一次改行程。我说你不是输给了我，你是输给了中国5000年的文化。你看这样说，立刻抬高了上司的地位，和5000年挂上了钩。

这就是和上司沟通的技巧，巧妙地指出他的错误，又不和他发生正面的冲突，这才是最关键的。

上司成为上司后，位置越高，周围的赞美之声和不明就里的夸耀就会越来越多，获得真实信息的渠道就越来越少，辨别是非的能力就越来越差。如果你与上司为了对与不对的问题发生正面冲突，不但达不到你期待的结果，相反会使上司陷入难堪的境地，对于你今后工作的开展造成不利的影响。

4. 张狂是麻烦和灾难的开始

一些为企业作出过突出贡献、受过上司和员工刮目相看的功臣，往往容易滋生居功自傲、骄傲放纵的情绪，不守规矩，我行我素，脱离群众。木秀于林，风必摧之，过分外露，自恃聪明，过分张狂，锋芒毕露，你的麻烦和灾难就开始了。

年羹尧，雍正之重将，这位显赫一时的大将军曾经屡立战功、威镇西陲，满朝文武无不佩服其神勇，同时他也得到雍正帝的特殊宠遇，可谓春风得意。年羹尧更是以为自己立了不朽之功而有资本骄横不羁，甚而在皇帝眼皮底下高调做事，即大肆任用亲信。他还胆大妄为、无所顾忌地参与朝廷的机要大事。但是不久，风云骤变，弹劾奏章连篇累牍，各种打击接踵而至，直至他被雍正帝削官夺爵，列大罪 92 条，赐自尽。一个曾经叱咤风云的大将军最终落此下场，实在令人扼腕叹息。

曾国藩在与太平军斗争之后，地位不断上升，统治了两江、湖广等十余个省份，位及三公、权倾朝野，举手一投山摇地动，掌握着清朝的半壁江山，其部下极力怂恿曾国藩自己称帝。如果他刚硬好强，学吴三桂起兵，要么成者王，要么败者寇。如果也像年羹尧一样居功自傲，只怕没有好下场。

曾国藩深谙历史，熟知自己“用事太久、兵权过重、利权过广、远者震惊、近者疑虑”，于是申请裁湘军十二营、减掉自己的权力，让朝

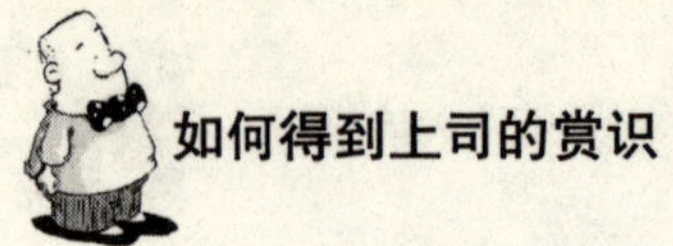

廷放心，结果得以善终。这就是典型的性格改变命运。人生就是这样，当你志得意满时，切不可趾高气扬，目空一切，不可一世，要是这样的话你很可能功败垂成！所以，无论你有怎样出众的才智，一定要谨记：不要把自己看得太了不起，也不要把自己看得太重要，更不要把自己看成是救国济民的圣人，还是应收敛起你的锋芒，老老实实地做人。

在一次会议上，某集团公司市场总监，提出了要裁减行政人员，增加市场部工资的提议，老总皱了皱眉头，要求他陈述原因。他说："市场部是利润创造部门，不客气地说是我们部支撑着整个公司的运作，其他部门不过是花架子，要不是我们部这几年的努力，公司根本发展不了这么大，是我们部在养着公司，不是财务部、企划部、行政部，相反他们是利润消耗部门，因此，要加大对市场部的支持，裁减行政人员。"

此言一出，会场哗然。几乎所有的人都情绪失控地向老总诉说自己在公司的重要位置。而老总只是静静地看着会场，一言不发。最终被群起而攻之的市场总监大怒道："我不干了，看你们没有了市场部，离开了我，还怎么盈利。"

市场总监自信满满地离开会场，去游说他的下属们辞职，结果让他意料不到的是，没有人愿意继续追随他。

他不知道，因为他向来居功自傲，从来都是把业务人员的能力归于自己名下，既不懂得感恩其他部门的配合，也不懂得感恩业务员的努力。

他没有想到，在最后一刻，所有人都弃他而去。

事后，公司老总说，任何一个公司都需要一个品行端正、不居功自傲、懂进退的中层干部，而不是一个有了成绩就要回报、不懂得尊重别人的干部。

郭嘉是曹操的得力谋士之一。两人初见面，曹操便感慨道，“使孤成大业者，必此人也”，可见郭嘉的才华之高，谋略之深，连罗贯中也不禁赞誉其“运谋如范蠡，决策似陈平”。可惜他英年早逝，使得曹操直呼“哀哉奉孝！痛哉奉孝！惜哉奉孝”。

郭嘉为人低调，尽职尽忠，这一点与杨修的后期表现截然不同。相较于杨修肆意猜测曹操的心理，并四处散布，卖弄自己的才学，郭嘉则是低调做人，恪守奉己。郭嘉虽然给曹操提了很多好建议，却从不居功自傲，而是将功绩都归于曹操。更可贵的是，郭嘉大多是在曹操征求自己意见时，才发表自己的见解，从不擅自发表言论。

在工作中，我们经常会听到这样那样的抱怨——“公司太小了，根本不能实现我的理想”、“上司太笨了，能力还不如我强呢”，这样的牢骚恰恰说明了这个人的心胸之狭窄，要知道，不给你一个大舞台，你凭什么来展示自己的才华？

现代职场中，很多员工往往在出色完成工作、做出成绩的时候，沾沾自喜，认为自己功劳最大。可却忘记了是上司给了他施展才华的机会，不管上司本身是否平庸，没有他提供的这个平台，你将一事无成，所以对待上司要怀有感激之心，要懂得谦虚和低调处事。

美国开国元勋之一的富兰克林年轻时，去一位老前辈的家中做客，昂首挺胸走进一座低矮的小茅屋，一进门，“嘭”的一声，他的额头撞在门框上，青肿了一大块。老前辈笑着出来迎接说：“很痛吧？你知道吗？这是你今天来拜访我最大的收获。一个人要想洞明世事，练达人情，就必须时刻记住低头。”富兰克林记住了，他也成功了。

现代职场中，要有团队意识，要明白其他员工不只是竞争对手，更是伙伴，只有团结起来才可能有更好的成绩，要用退一步海阔天空的胸襟去对待同事。

对公司有些贡献就居功自傲，老提过分要求，过度索要资源，甚至不把上司放在眼里，这样的人未必会得到好的结果。因为这个世界缺少了任何人都照转，公司也不会真正离不开谁。工作的一切成绩都是在上级的指导下完成的，作为中层管理者要低调做人，高效做事，主动把功劳让给上司，让上司信任你。

5. 与上司沟通是职场必备素质

主动与上司沟通，是职场中必备的素质。有的人认为我只要做好分内的事情就可以了，不必和上司沟通，总是感觉主动与上司沟通有巴结的嫌疑。其实不然，与上司沟通并不是让你去拍马屁，而是能够了解自己的不足和上司管理层的动态，更好地领会上司意图，达到事半功倍的效果。

而且，不管是公司内部提拔还是从外部招聘，上司总是有过人之处。而且身居上司层，上司看问题的角度不同于普通员工，与上司接触的过程其实也是一个学习的过程，能够学习到管理者的思维方式，能够站在更高的位置、更宽的领域去看问题。

另外，当今社会已经不再是“酒香不怕巷子深”的年代了，你在工作中所取得的成就，要适时让上司知道，提倡低调，但不等同于默默无闻，因为要做一个上进的下属，既然要上进，自然少不了上司的提拔与推荐。但是与上司沟通切记，不能无节制地“王婆卖瓜，自卖自夸”，从而让上司觉得你在炫耀自己的成就，有居功自傲之感。

在公司项目运作过程中，与上司沟通变得尤为重要，因为你需要明确上司意图，同时要让上司知道项目进展情况，以便决策层及时掌握信息，随时调整战略。

作为上司来说，判断其下属是否尊重他的一个很重要的因素，就是下属是否经常向他请示汇报工作。如果你总是闷头自己做自己的，时间久了，上司便会怀疑你是不是真的在工作，是不是和其他上司形成了小帮派，是不是在团队中不合群。一旦他对你形成这样的印象，十分不利于你今后工作的开展。

向上司汇报业务进展的方式有几种，一是通过例行会议，发表自己的观点，阐明自己的主要工作，并及时汇报工作中遇到的困难和急需上司支持、同事协助的问题，以便能在会议上及时取得回馈信息。

二是通过电子邮件，养成向上司及时汇报工作动态的习惯，不但有利于让上司知道你的工作进展，而且会让上司觉得你对他是尊重的。

三是通过交谈，交谈可以是正式的，也可以使非正式。

但是无论哪一种沟通方式，切记不要胡说八道，要有条理性；也不要废话连篇，要简洁扼要；更不要夹杂一些对他人的评价，无论对错，都会让上司觉得你有背后说人闲话的嫌疑。

经常沟通，才能避免工作上的无效劳动和错误方向，才能保证执行力的高效率，不然很有可能你误解了上司意图，还一如既往地努力做下去，得到的却是无情的批评。但是要注意，有的人被上司批评时，会一脸的不高兴，认为上司在故意找自己的麻烦，这是不对的。上司对你提意见表示他还在意你的表现，要是无论你怎么样他都不管你的话，那才是真正的坏事。

经常沟通，会让上司觉得他的存在是有价值的，对你的工作是有指导的，你的进步与他是息息相关的，这样不但会令他有成就感，也会加强对你工作的支持。但是要注意，在与上司的交往中，谦逊是很重要的。要主动找上司谈话，请他对你的工作多做指教，这可以增强自己工

作方面的能力；有不对的地方要虚心地接受他的批评，这样他会觉得你是一个求上进的人。

经常沟通，在你遇到困难或者犯错误的时候，上司会帮你解决；在你取得成就的时候，上司会以你为荣，并为你的晋升提供帮助。但是要注意，切莫总是提到困难，总是需要上司出面帮你解决这样那样的难题，这样的沟通，反倒会让上司觉得你无能。

在沟通时，一定要注意，切记不要突出自己的贡献，和上司争功，这样表明你目中无人，不知道尊重上司，到头来可能会竹篮打水一场空。最好的办法是要首先突出上司的贡献，这样一来，上司也有面子了，你也更能得到上司的认可。

上司总是有一些忠心耿耿的追随者和支持者在身边，一旦他把你当成自己人看待，那就等于为你将来的发展打下了基础。

中国自古就是礼仪之邦，传统上很注重礼尚往来，送礼已经成了最能传情达意的一种沟通方式，节日里尤为突显。有人以为，把工作做好就可以了，因为工作成就是对上司最好的回报，还用得着送礼吗？上司会在意我微薄的礼品吗？千万不要以为你的礼品不重要，不管是在官场还是在商场，只要你在职场，就要明白“千里送鹅毛，礼轻情义重”。

在物质资源极大丰富的今天，送一个小小的礼物意义在于加固沟通的桥梁，表达的感谢之情要重于礼物本身。不管你的礼品是否贵重，只要精致有新意，能够表达你对上司的尊重、感激之情，那就足够了。

尤其是在官场上，节日恰恰是你沟通的最好时候，但是切记不可厚此薄彼，对于那些能给你提供帮助的上司们，还有那些曾经对你有过帮

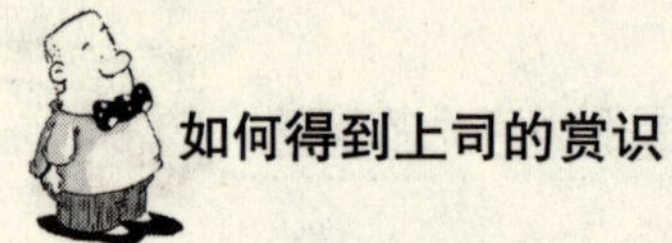

助，但是现在已经不在任的上司们，都要细心考虑到，这不但是人情问题，也是人品问题。

沟通是个大问题，不论是语言沟通还是文字沟通，不论是平时沟通还是节日沟通，都能给你的工作带来莫大的帮助，所以，要重视沟通、重视与上司的沟通。

6. 别和上司玩暧昧

在职场中，在异性的上司与下属之间，最容易发生的就是暧昧的情感。暧昧这个东西，原本是一种朦胧的、美好的情愫，然而放在职场中，却注定了它的结局是悲伤的。

职场暧昧的前提首先便是以工作为基础，最容易产生暧昧的前提，是因为两个人长时间工作上的接触，譬如一起讨论问题、一起加班、一起克服某个难题、一起出差……由于工作占据了我们生活的大部分时间，所以暧昧便有了滋生的温床。可是我们必须明智地看到，上下级之间的暧昧，最根本的前提是利益为纽带、价值为基础。如果你是个一无是处的窝囊废，上司怎么会欣赏你？如果你在团队中的业绩远远排在最后面，甚至每天都处于被裁员的危机中，怎么会有和上司接触的机会？

如果少了接触的机会和展示才华的舞台，你又怎么能够有暧昧的可能？

对于女性职员而言，往往最容易和上司产生暧昧的关系。这里面有两方面的原因，第一，男上司往往内心中会对职场女性有所照顾，毕竟在这个社会中，女性在职场中打拼很不容易，所以作为一个有爱心、懂得呵护下属的好上司，难免会对某个女下属有偏袒或者照顾。但是他不会随便照顾，他所青睐的恰恰是那种对他工作帮助最大的女下属，这是最基本的前提。

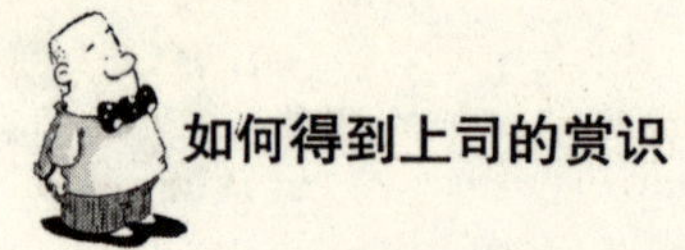

男性上司关照女下属的出发点，在于女下属具备了能够为他排忧解难的能力，如果只是一个制造麻烦、拖团队后腿的女性，上司是不会为了暧昧，而放弃自己的职位和利益的。

第二，对于女性，暧昧就是把女性魅力发挥到极致的能耐，和上司玩暧昧，能让他多注意自己，不对自己太刻薄，还能给自己一些升迁的机会；和男同事玩暧昧，可以得到关照，让他多干点活，多出点力气，多帮助自己，把关系搞得融洽一些。女下属因为长时间和男上司接触，会由尊敬向钦佩转变，最后发展成爱慕。男上司如果具有很强的工作能力，也会令女下属在工作上产生依赖，如此一来也就有了暧昧的前提。而且一部分女性渴望通过与上司之间的关系来达到自己在职场中地位的提升，往往会刻意制造暧昧。这种暧昧，是利用与被利用的关系。这种利益的交换关系不会长久，而且很脆弱。

女性利用性别的差异，利用自己的女性身份，刻意地制造暧昧以换取职场前途的手段是为人所不齿的。而且一个具有职业素养的男上司是不会允许有这样的感情存在的，这不但会对工作造成干扰，也是对人类感情的亵渎。

职场中，不是靠暧昧来实现理想的，这是对自己灵魂的出卖。那些不清不白的暧昧只会给自己增添烦恼。在公司，跟上司或老板只有一种关系，那就是领导与被领导的关系，而上司的目的就是希望下属在最短的时间内创造出最高的价值，如果没有任何价值，等待的结果只是被淘汰出局。尤其是对于已婚而理智的事业型上司，他更不会图一时的暧昧而毁掉自己的前途与家庭。

职场本来就是一个微妙的地方，上司始终是上司，这条地位上的沟壑，服从与被服从的关系，是很难跨越的，一旦掺杂了私情，工作就相

当难开展了。单位、公司不是一个打情骂俏的场所，它的正常运行依赖于一套很严格的管理机制。同时，公司也不是一个密封的私密场所，每一个员工的一言一行都会或多或少地暴露在众人的视线中，受到公众舆论无形的影响和左右。

当然，有一种暧昧，是两情相悦的，这种暧昧往往会蒙上一层神秘的色彩，让当事人陶醉于那种非恋爱关系中。这种暧昧，双方不承诺不拒绝，让两人的关系若隐若现、若即若离，让双方在不确定的感情中感受另类的刺激。这种暧昧看似很美，可是我们必须要知道，暧昧是没有承诺、没有责任的情感，这样的情感注定了没有发展的空间。尤其在职场中，这样的暧昧最终伤害的不仅仅是两个人的感情，还有各自的职场前程。

小马刚入职不久就遭遇了来自男上司火辣辣的目光，虽然没有什么社会经验，但是她还是从上司的眼神中读懂了男人的欲望。想到找工作的一系列困难遭遇，小马挣扎了两次后便开始了和上司的暧昧关系。上司把握得很好，他们的关系一直游离在同事视线之外，而小马甚至逐渐喜欢上了这种暧昧的滋味。她原本以为上司会给她带来职场上的工作便利甚至生活上的改变，然而，时隔不到半年，小马就已经成为上司的过去时。

这看似只是如今办公室上下级暧昧中最没有个性的一个案例，但却代表了那些正在发生或者即将发生的真实事件。

虽然办公室暧昧恋情已经不再新鲜，然而暧昧无论开始时如何撩人，其带来的并非全然是幸福的感受，发生风流韵事的后果最终是在沸沸扬扬中一方黯然离开公司。所以千万不要接受上司主动送来的暧昧信

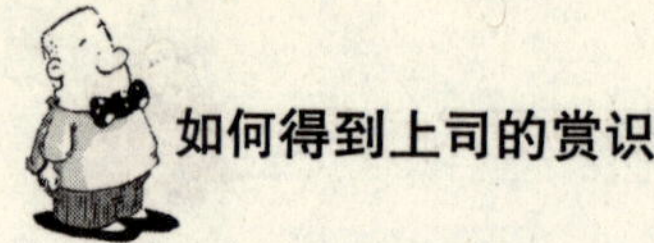

号，那意味着，你的职场生活即将结束。因为对于喜欢暧昧的上司，你并不是唯一暧昧的对象。

不要羡慕那些和上司暧昧的人，羡慕她们如鱼得水，羡慕她们可以享受的宠爱。而要永远自己宠爱自己，要单纯地、认真地、充满激情和梦想地工作。

三

能力
是万事之根本

1. 深谋全局，不急功近利

子夏为莒父宰，问政。子曰："无欲速，无见小利。欲速，则不达；见小利，则大事不成。"

"欲速，则不达"这一千古名句，被人们广为引用。它比喻只追求度，忽视质量，结果反而达不到目标。在职场中，"欲速，则不达"的直接表现就是急功近利，无论什么样的急功近利者，总是瞪着一双贪得无厌的眼睛，死死地盯着名利二字。

不要表现得鼠目寸光，不要表现得急功近利，更不要表现得自私自利。每个人都有价值，大智大勇才可能让自己增值。

不谋万世者，不足谋一隅。这句话对于我们并不陌生，但往往说得出做不到。正所谓：天下熙熙皆为利来，天下攘攘皆为利往。失衡的症结所在不是智商而是利益！企业即是经济实体，同时也是利益的结合体，利润是每一位上司的追逐目标，也是企业的追逐目标。

但是作为一个下属，你必须擦亮眼睛看明白，什么是你应该得到的，什么是上司给予你的额外奖励，什么是你不应该拿的。

有这样一个小故事，或许更能说明贪婪的代价：

一个地主对一个穷人说："明天早上太阳升起的时候，你开始往前跑，太阳落山前再返回出发点，那么，我会把你这一天所有跑过的土地都送给你。"

穷人当然非常高兴。第二天太阳刚刚升起，他就飞快地向前跑去。一路上，他顾不得吃一口饭、喝一口水，顾不得歇一秒钟。时间过了一半，他仍不想回返，继续向前跑。直到太阳快要落山时，他才意识到：必须回返了！这才掉头，但体力已严重透支，加上归心似箭，心急如焚，终于累死在半路上。

其实，我们每个人，都有可能是这个贪婪的穷人。

贪婪的背后是欲望在支配，欲望这个东西是有两面性的，我们可以说是欲望支撑着人永不止步的追求，也可以说是欲望成就了贪婪，但是作为一个成熟的职场中人，要懂得克制自己的欲望。因为，欲望支配下的贪婪，往往隐藏着你看不到的陷阱，生活中很多的骗局所利用的无非就是人们好逸恶劳、急功近利的贪婪。

几年前，《长江商报》报道了这样一则新闻：

2005年5月，陈某大学毕业时应聘至汉口一家医院从事财务核算工作，一个月之后，陈某发现医院财务存在漏洞：当天的收款总是于次日上交，遂起贪心。6月，陈某开始挪用公款消费，用次日的收款填补前几日的亏空。7月，他转正后见没人发现，胆子越发大起来，挪用金额从数百元到数千元不等。陈某在医院工作短短1年3个月时间内，伙同姚某挪用公款18万元，用于购买电脑、摩托车、手机，还在汉阳租下一门面做服装生意。

最终，陈某因挪用公款，被江汉区人民法院判处7年有期徒刑，其同伙姚某被判2年。

7年的牢狱惩罚，出狱后，世界还是原来的世界吗？7年，在日新月异的今天，无异于落后了时代一整拍。然而在职场中，很多人常常为

了追求当下的蝇头小利，一切以金钱至上，从而不择手段，不能正确衡量眼前利益与长远利益，丧失原则，甚至透支自己的信誉，最终落得个身败名裂、众叛亲离甚至身陷囹圄的悲惨结局。

还有的人总认为付出一分就该马上得到一分回报，于是对收入稍有不满意，便怨言一大堆，对自己缺乏长远规划，缺乏投入意识和牺牲精神。殊不知，“贪者，恶之大也”，“祸莫大于不知足”，贪婪是人性的一大弱点，尤其是急功近利的贪婪。

缺乏大局观念的根源就在于没有价值观，没有长远的打算，要知道，职场当中更多的是积累，这种积累不是财富的积累，更重要的是人脉关系、工作能力、社交经验的积累。在职场中，这些才是最重要的资本，俗话说“细水长流”，我们的收获不在于“一城一地”之得失，而在于从长远来看，收获了多少经验、提升了多少能力、得到了多少认可。

在职场上，你的价值绝不是由你自己认定的，而更多的时候是由你的上司来评判。在上司眼中，安于本分你就会拥有你的本来价值，自私自利你将贬值处理甚至一文不值，深谋全局、大智大勇才会让你不断增值。就像购物时人们通常都会选择物优价廉的增值商品一样，企业也只选最好的，不选最贵的。

有时候，上司可能会让你做一些看似对你没有任何眼前利益的事，不要以为这是吃亏，恰恰这种不计眼前利益的精神正是我们所奇缺的。玉不琢不成器！你如美玉，而上司则是琢你成器的工匠。“深谋全局，提升价值”犹如职场大舞台的空间，空间越大，可表演的节目才越多。

在职场中，长远的眼光更表现为对自己未来的职业规划。上司更喜欢具备长远发展眼光的人，也就是我们经常所说的“用发展的眼光看问

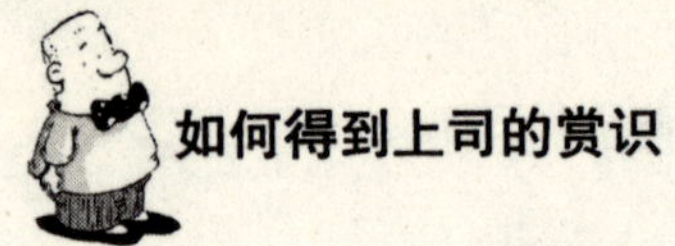

题”，这个发展就包含了个人发展与企业发展。聪明的下属应该把自己的利益与企业的利益紧密联系在一起，因为你是企业的一员，你的发展直接推动企业的进步，而企业的进步又将反馈回来带动个人的发展。

对于上司而言亦是如此，你的努力将直接成就他的事业，而他成功后，自然也不会忘记曾经为他鞍前马后的你。这就是因果的关系，这就是得到与失去的关系，所以当你面对眼前利益与长远利益的抉择时，请你为自己的将来多考虑考虑，战胜自己的贪婪，为自己的发展谋求更大的空间吧！

2. 勤奋是世界上一切成就的催产婆

伟大的科学家爱因斯坦说过："在天才和勤奋两者之间，我毫不迟疑地选择勤奋，勤奋几乎是世界上一切成就的催产婆。"这与中国的俗语"笨鸟先飞"有异曲同工之妙。意思是知道天赋不如人，就应该比别人勤奋，就要比别人先行动。但是在现实生活中，有些人自恃天资聪颖，不肯"先飞"，不肯勤奋学习，而又藐视"笨鸟"，这种思想和行为是极端错误的。"笨鸟先飞"是一种不甘落后，勇于争先的表现。爱迪生就是发扬了"笨鸟先飞"的勤奋精神，才从一个智力平常的孩子成为大发明家的。但是，天赋好的"灵鸟"也要先飞，否则就有变成"笨鸟"的危险。

诚然，在当今社会条件下，我们也能够看到因为权力和财富的原因，而导致了穷人的孩子比较难通过自己的努力打通向上的通道；但在另一个方面，我们也能看到有无数原本一无所有的人，通过自己的努力，实现了自己的价值，跻身于上流社会之中，而他们在社会上受到的尊敬，远远大于那些不劳而获的纨绔子弟。

因此，切记，无论社会发展到什么程度，勤奋的人，永远受到别人的认可和尊敬；无论别人怎么说，通过勤奋努力获取的财富，得到的才不是嫉妒和猜疑，而是实实在在的敬佩与欣赏。

无论是在企业还是在政府机关，勤奋的人永远会得到上司的赏识，

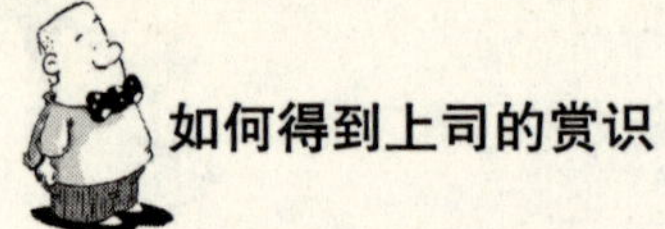

不要在乎那些好逸恶劳的同事们如何在背后说风凉话。要知道，当你执著于某个方向努力向前走的时候，总会有那么一部分人，把你给拽回来。因为他们不希望你和他们有太大的差距，对他们来讲，你的进步恰恰证明了他们的无能，而这，是他们所害怕的。

“勤能补拙是良训，一分辛劳一分甜”，当我们走过了“唯学历时代”后，如今面临的正是“能力大于学历，水平高于文凭”的年代。

有这样一对小夫妻，高中毕业，为了追寻自由的爱情，他们怀揣500元钱，在2000年的冬天远离家乡，来到北京。刚刚踏上北京的土地时，妻子还怀着6个月的身孕。面对人生地不熟的首都，面对举目无亲的北京，除了奋斗，他们别无选择。他们在当时房租算便宜的清河花200元钱租了一间小平房，交了房租后，他们已经舍不得再去买煤取暖。晚上丈夫生怕冻坏了妻子，把所有的衣服都盖在她的身上，自己就依偎在一角哆哆嗦嗦地入睡。

丈夫很快就在北京找到了一个电话销售员的工作，工作地点在紫竹桥。为了省下每天的往返路费，近20公里的路程，丈夫每天都是从天不亮开始出发，一步步丈量去的。为了能够留出充足的时间与客户沟通，丈夫每天都细心地记录好哪些传真是可以下班后发的，哪些是必须要当时发的。当别人下班后，丈夫就一个人呆着办公室里整理白天的工作笔记，同时把那些可以下班后发的传真件一份份发出去。

办公室里有暖气，为了让妻子不呆在寒冷的出租屋里，妻子下班后都会偷偷地来到他的公司，他就把椅子整整齐齐地摆好，让妻子睡觉，自己则趴在电脑前四处寻找客户资料。

白天上班了，妻子就去有空调的商场里坐着取暖，丈夫又红着眼睛开始一天的工作。

就是在这样艰苦的条件下，他的付出有了回报，在当月的销售业绩中，他独领风骚，甚至创造了公司的奇迹。

而上司知道他的处境后，第一次破例专门从公司拿出来一笔钱，为他们夫妻租了一个一居室，目的就是让这位勤劳的下属能够安心的工作。

自然他也没有辜负上司的期望，并没有因为自己的生活条件略有好转而放弃从前的勤奋刻苦精神，一如既往的努力着。

因为他的勤奋，带动了整个公司员工的努力；因为他的执著，改变了整个公司的面貌；因为他的业绩，公司再次破例将仅有高中文凭的他提升为业务主管。上司为他举行了一个简单却又包含意义的聘任仪式，在仪式上，上司说“我们这个年代，最缺乏的精神就是踏踏实实、埋头苦干，所有的北漂，都应该有这样的精神，只有这样，你们才能改变自己的命运，要知道，你们不仅是为公司打工，你们也是在为自己努力。”

丈夫最终在北京落下了脚，当时间到了2005年，有些和他一起来到北京的人还在做一个普通小职员时，仅有高中文凭的他，已经开始了自己的创业之路。

2009年，他不但在高房价让人无法承受的北京拥有了自己的住房，而且开上了崭新的帕萨特，他说，他要在2010年换一辆奥迪。

而他从始至终在北京都只是一个普通人，一个我们每个人都可以替代的普通人，他唯一的差别就是勤奋。

勤奋这个话题似乎给人以老生常谈的印象，然而我们不得不承认，勤奋是通往成功道路的不二法门，没有哪个上司会欣赏一个油嘴滑舌、好逸恶劳、耍小聪明的下属。

懒惰是人的共性，如果有条件，谁都喜欢那种躺在海边的躺椅上、

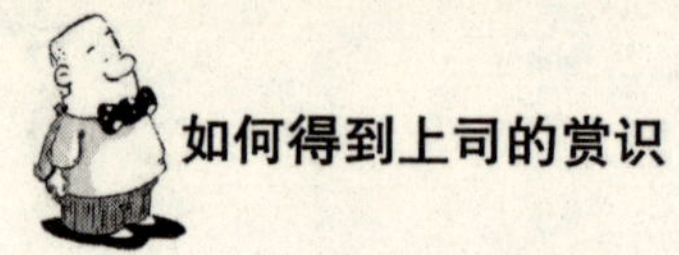

享受着阳光、沙滩、美女的生活，可是现实的生活却是我们大多数人都要在职场中拼搏，因为我们背后还有沉甸甸的生活责任。

有人这样给自己的懒惰找借口：而今的财富和权力都是世袭的，人的命天注定，命里有时终须有、命里无时莫强求，咱没有一个好爹妈，咱就认命吧！

这是对自己最大的不负责任。

要知道，命运这个东西只是人们在面对失败时自我安慰的借口，即便你相信命运，你也应该知道“我命由我不由天”的道理，即便你没有一对百万富翁的双亲，使你的人生充满了坎坷，你也要相信这个世界上的东西是可以通过努力得到的，你也要有这样一个理想——让你的子女有一个百万富翁的父母。一切从现在开始改变，而不是怨天尤人。

3. 创新推动实践，以创新引导实践

是不是上司一定喜欢唯命是从的下属？答案是错的。诚然上司喜欢被尊重、喜欢被拍马屁、喜欢被仰视，但这并不表明上司在工作上喜欢那些只会阿谀奉承、溜须拍马、毫无见解的奴才，相反，上司更喜欢那些能够推动工作前进，有独立思考能力的下属。

因为，上司依赖于下属的工作成果，因为上司更多的时候希望了解到对同一个问题的不同见解，这样有助于完善他的决策、有助于工作的顺利开展。

而在这个我们每天都在提倡创新发展的年代，独立思考恰恰又是创新的前提，一个没有独立思考能力的人充其量只会模仿，却不能创新。企业发展需要的是什么人才？是有创新精神的人才，也就是有独立思考能力的人才。

会议室里，大家围坐一圈。上司发问，“谁还有不同意见？”沉默，一分钟后，有人打破沉默，会议室开始骚动，有人开始附和，“哦，我也是这样想的。”

这就是如今大多数企业面对的问题。

犹太人说“人类一思考，上帝就发笑”，可是要知道，如果停止了思考，那么人类还有什么意义？人类的生活靠什么改变？

这是一个快餐时代，在这个时代之下，人们已经逐渐丧失了思考的

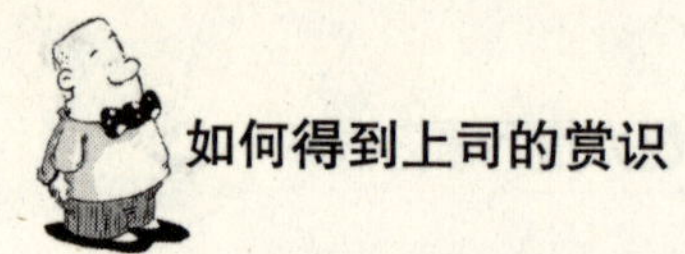

习惯，而是把一切信息的获取依赖于电视、网络，当《百家讲坛》风靡大街小巷的时候，人们恍然大悟，原来学习是可以这样的，原来我们可以直接去汲取他人的思考成果。于是一批懒于思考的人围绕在一个勤于思考的人周围，毫无判断力地去全盘接纳别人的观点。

于是我们便能经常看到上司在会议室里大发雷霆，“你们都是干什么吃的？除了执行就不懂得思考吗？是不是什么事情都要由我来考虑?”

是的，上司发脾气是有道理的，任何一个充满生命力的公司，都应该是下属群策群力，推动上司和公司向前走，如果是一个上司或者一个老板拉着一个部门或公司向前走，你认为能走多快，能走多远？

职场中人必须要克服养成习惯的依赖性，因此在工作期间，特别要注意独立思考。只有通过独立思考，才能获得锻炼；也只有在独立思考的过程中，自己的思维能力才能迅速地发展起来。

社会心理学里曾经也有个著名的 Asch 实验，说的是邀请你进入一个房间，给你出示两幅图，让你找出图上长度一致的两条线。在这个房间里也有实验者安排的一些人，这些人假装和你一起看图，他们会一口咬定一个错误的结果。实验的结果是几乎所有的参与者都会同意这个房间里主流人群的意见，而这个意见明显是错误的。

2008 年，中国青少年研究中心、中国青少年研究会和北京市新英才学校组成的课题组发布“从‘80 后’青年的职场状况看我国的基础教育”专题研究报告。这项针对北京地区 2 590 位在职“80 后”青年和449 位用人单位部门（人事）主管的问卷调查发现，当前，职场中的“80 后”在工作中遇到难题时，表示“独立思考，尽量依靠自身力量解决”问题的仅占63%。

由此不难看出，独立思考的缺乏，过分的依赖性，已经成为当前企业发展的巨大障碍，因此在今天我们浏览各大招聘网站时，会发现很多公司的招聘广告中都会刻意强调“善于思考、思维敏捷、有独立思考能力”。

这是因为，只有拥有独特而不盲从的见解，上司才能获取更多的资讯，才能更有利于企业的发展。如果你是一个人云亦云的下属，那么上司凭什么能从众多人中一眼看到你呢？又凭什么去提拔一个只会奉承而没有创新精神的下属呢？

《论语》有云：“众恶之，必察焉；众好之，必察焉。”这句话含有两方面的意思，一是说绝对不人云亦云，不随波逐流，不因众人的是非标准影响自己的判断。要经过自己的独立思考和理性判断得出结论；二是一个人的好与坏不是绝对的，在不同的形势、不同的人们心目中，往往会有很大的差别，所以应用自己的标准去评判。

上司欣赏的往往是有个性、有主见的年轻人，这样的人才能独当一面，今后才会有更好的发展。

李开复在给中国高校学生的一封信中曾说：“仅仅勤奋好学，在今天已经远远不够了。最好的企业需要的人才都是那些既掌握了丰富的知识，又具备独立思考和解决问题的能力，善于自学和自修，并可以将学到的知识灵活运用于生活和工作实践，时时不忘创新，以创新推动实践，以创新引导实践……”

应试教育让我们习惯了人云亦云，习惯了服从权威。经常能听到两个人在争辩时拿出的论据往往是“电视里说、新闻里说、专家说、某名人说……”，可是这些真的是对的吗？

当上司抛给我们一个问题时，我们应该多一些“我认为”，这个“我认为”一定得是基于客观基础上的分析，而不是人云亦云的改装版，只有具备独立思考能力的人，才能有创新精神，才能为上司所赏识，才能在职场中有所发展、有所成就。

4. 放弃责任意味着失去生存的价值

社会学家戴维斯说："自己放弃了对社会的责任，就意味着放弃了自身在这个社会中更好生存的机会。"

每个人身上都肩负着不同的责任，这便是我们生存的意义所在。

有这样一个故事：

20世纪初一位美国的意大利移民曾为人类精神历史写下了光辉灿烂的一笔。他叫弗兰克，经过艰苦的努力开办了一家小银行。但一次银行抢劫导致了他不平凡的经历。他破产了，储户失去了存款。当他拖着妻子和4个儿女从头开始的时候，他决定偿还那笔天文数字般的存款。所有的人都劝他："你为什么要这样做呢？这件事你是没有责任的。"但他回答："是的，在法律上也许我没有，但在道义，我有责任，我应该还钱。"

还款的代价是39年的艰苦生活，寄出最后一笔"债务"时，他轻叹："现在我终于无债一身轻了。"他用一生的辛酸和汗水完成了他的责任，给世界留下了一笔真正的财富。

从这个故事中，不难看出，责任需要勇气、执著、忍耐，弗兰克还的是钱，赢来的却是尊重，给别人的是一种精神，他没有因为贫穷而失去责任，也没有因为困难而放弃责任，这正是我们现在所缺失的

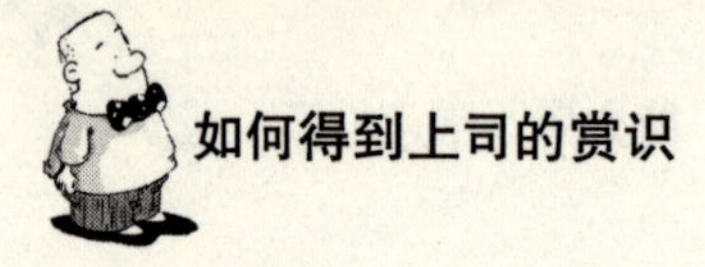

精神。

然而可悲的是，我们在工作中经常会遇到这样的事情，一旦某项工作出现问题，上司在追究责任时，总会有人说“不是我的错、不是我干的、我提醒过……”，凡此种种都是推卸责任的表现。且问，作为执行者、作为一个下属，不是你的错，又是谁的错?

美国西点军校认为：没有责任感的军官不是合格的军官，没有责任感的员工不是优秀的员工，没有责任感的公民不是好公民。

责任感发自对岗位的热爱，一般意义上来讲，下属对上司有建议的义务、有执行的责任。工作中出现问题无非是没有预见到问题、预见到问题没有汇报、出现问题不能解决。

没有到预见问题，是因为缺乏思考的精神，工作能力不够丰富；预见到问题没有汇报，则是责任感缺失，没有及时汇报并提出改正意见；出现问题不能解决，则是克服困难的能力缺失。而不能承担后果带来的责任，则是一个人的职业道德出现了问题。

有没有责任感，是对一个人的基本要求。不管在工作还是生活中，有责任感的人能够对自己做出的事情负责，能够不遗余力地完成属于自己的任务。

据媒体报道，湖北某地一家医院的医生居然“左右不分”，患者明明是左侧腹股沟有疝气，主刀医生却对其右侧腹股沟做了手术。事后，为了逃避责任，这个医生竟然私自涂改病历，企图瞒天过海，最终还是受到了应有的处罚。

由此可见职场中如果缺少了责任心，那么造成的恶果将是不可挽回的，无论对上司、对单位、对自己都是一种伤害。因此，没有哪个上司会喜欢一个没有责任心，又逃避责任的人。

而责任的担当在职场中便体现为对工作的尽责，在出现问题时不推脱责任。如果一个员工放弃了对公司的责任，也就放弃了在公司中获得更好的发展的机会。千万不要利用各种方法来推卸自己的过错，从而忘却自己应承担的责任。要知道，问题出现之后，上司追究责任不是目的，找到源头，解决问题才是关键所在。因此，只有勇于承担责任，才能让自己在职场中得到更多的历练。

在这个世界上，每个人都扮演了不同的角色，每一种角色又都承担了不同的责任，从某种程度上说，对角色的饰演就是对责任的完成。坚守责任就是坚守我们自己最根本的人生义务。作为企业的一名员工，在公司里面也扮演了一个角色，理所当然要去承担责任。

勇于承担责任是人的一种品质，也是一个人在职场生存的基本条件。无论职位高低、能力大小，身在何种性质的企业，不管岗位职责管理幅度的宽窄，必须立足本职，独当一面，肩负起应负的责任，对得起那份薪水和良知。我们提倡每一个人都要做好自己的本职工作，对工作一丝不苟，认认真真，兢兢业业。没有责任心或责任心不强的人，即使他的能力极其出众，也不会将其用在工作中，不会尽心尽责地发挥，人浮于事，便很难出色地完成工作。

工作就意味着责任，没有责任感的员工不是优秀的员工，责任意识会让员工表现得更加卓越，一个人要干好自己的本职工作，就要有高度的责任感，以生生不息的精神，饱满的热情去做好每一天的工作，只有这样，工作才是主动的、积极的、认真的、发自内心的，那么有效的执行力就会在员工身上体现得淋漓尽致。

正如《从优秀到卓越》的作者吉姆·科林斯所说，“要想成为一个好的领导者，必须去看镜子而不是窗外，为不良的后果承担责任，而不

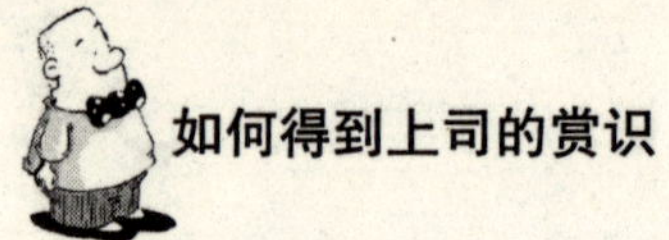

是归咎于他人、外界和坏运气。”

真正的责任感只有自己能公正地衡量，所以让我们从每一件小事开始做起，让责任感成为自己的工作和生活习惯。相信这一习惯不仅对目前的工作有益，更会让你的人生获益匪浅，使你的人生达到更高的境界。

5. 工作就是工作，生活就是生活

工作就是工作，生活就是生活，上司不喜欢那种把生活和工作搞得一团糟的下属。

上司是工作上的上司，不是生活上的上司。因此他希望看到的是你在工作上的尽职尽责，而不是经常看见你垂头丧气地诉说自己的家庭悲剧。因此，做一个上司眼中的好下属，一定要正确区分工作和生活，切不可让两者互相干扰。

有人以为在公司待的时间久了，“以公司为家”便成为口号，于是公司被他堂而皇之地当成了招待区，亲朋好友有什么事都会来公司找他。对于这种公私互相干扰的情况，上司其实是很介意的，但是嘴上不说。如果你让上司不满，如果上司认为你是一个公私不分明的人，又怎么能对你委以重任呢?

如今的办公室白领，大多数都是这样工作的：早上来到办公室，先打开电脑，登录QQ、MSN、开心网，再进入个人邮箱，看看有没有要处理的私人邮件；随后拿起电话，给朋友们拨打几个私人电话，聊聊自己的近况；随后点开猫扑、天涯等网站，看看最近发生的新鲜事；最后再和QQ、MSN上那些闪来闪去的头像扯一会儿；之后赶紧挪挪车位、偷偷菜。等到这些都干完了，也就到了快要吃午饭的时候，这才懒洋洋地拿出公司文件，看看工作规划。等同事们都下去吃午餐了，他似乎还

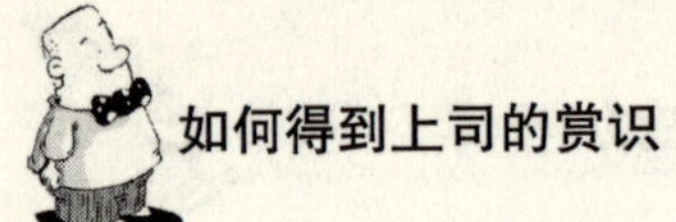

在伏案工作，其实是刚才和哪位帅哥靓妹调情忘了收尾，正在桌位上忙着那些后事。

试问这样的工作状态能体现出工作的价值吗？能让你的上司看到你的成就吗？

在上司眼里，占用公司上班时间，使用公司电脑、电话处理个人事务，却要公司开着薪水，这无异于是在盗窃公司财产，其性质是非常恶劣的。

区别开工作时间和业余时间，是一个职场中人必备的素质，千万不要把你的私生活和工作放到一起，搞得理不清剪不断。上班就是要创造价值，实现自我，而不是用来聊天上网打发时间，没有哪个上司会重用一个、或者使用一个只会在上班时间处理个人事务的下属。这不但是对自己极大的不负责任，也是对公司、对上司、对老板极大的不尊重。

另外，不要把生活中的情绪带到工作当中来。

有这样一个小故事：

小A昨晚因为琐事和老婆吵了一夜，早上起来后心情极度郁闷，刚走出家门一不小心又踩上了狗屎。小A大怒，一脚将正在草坪上玩耍的狗踢到了一边，任凭小狗嘶叫和后面狗主人怒吼。他急匆匆地赶到了公交车站，好不容易挤上了公交车，却发现自己处于悬空状态，手无处扶栏不说，还有个男人压在他身后。原本就心情不爽的小A和男人吵了起来，最终在众人的劝说下没有动起手来，但却惹了一肚子火。来到公司刚一坐下，电话就响了起来，他看也没看来电显示，就大喊道，“谁啊，大早上的，有事没事。”没想到那边响起了上司的声音，小A低着头走进了上司的办公室，却发现上司的脸比他还阴沉。原来早上被他伤害的那条狗的主人将他投诉到了公司总裁办，并且把问题上升到

“公司管理不善、员工素质太差”。加之小A刚才接电话不礼貌的言辞，让上司由不得他解释。

于是小A莫名其妙地失去了工作。

千万不要让生活和工作扯到一起，尤其是不要把生活中的坏情绪带到工作当中去。谁没有个喜怒哀乐，谁没有悲欢离合，但是明智而成熟的职场中人懂得控制自己的情绪，懂得如何将工作和生活区分开，让两者互不干扰。千万不要让你的生活影响到你的工作，不然你的工作必将让你的生活没着落。

同样，也不要让你工作中的情绪，影响你的家庭生活，不然你将会工作做不好，家庭也不和谐。工作生活一团糟的时候，你还有能力把它们归位吗？

除此之外，也不要在工作场合、工作时间关注同事的私生活。每个人都有自己的小世界，而办公室是个敞开的环境，大家都要保守自己的小秘密，即便你知道了，也不要去泄露，那是对别人极大的不尊重。

工作是谋生的手段，但是工作不是生活的绊脚石，工作只是生活的一部分，但是这一部分却决定了你的生活是否完美，因为生活依赖于工作才能过好。

上司只存在于职场当中，他看不到你工作以外的状态，也不会有兴趣了解你8小时以外的生活，所以，一定要区分好哪些是工作时间该干的，哪些是工作时间以外才可以放肆去做的。

只有将公私时间分彻底，将公私事务处理得井井有条，你才能得到上司的赏识，否则，你将被打入职场无底洞。

四

成为团队中
不可或缺的明星

1. 乐观是最为积极的性格因素

你是喜欢一个每天都能给你带来好心情的人，还是喜欢一个每天愁眉苦脸、唉声叹气的人？消极的人让人感受到的是乌云密布，积极的人让人感受到的是阳光明媚。

如今生活压力、工作压力往往让人透不过气来，紧张的工作环境让人们急匆匆地行走在熙熙攘攘的大街上，表情逐渐变得如同周围的钢筋水泥一般冷冰冰。而这种封闭内心的行为，虽然不等同于消极的情绪，但其杀伤力远大于那些愁眉苦脸的表情。

都市生活大多是压抑而麻木的，每天早上无论在地铁里还是在公交车上，无论你是街头小贩还是白领丽人，无一例外，都是面无生气的表情和机械地刷卡上下车，除此之外，就是冷冰冰的空气。

在很多公司中，有时候在电梯中遇到同事，有的人往往都会用报纸遮起自己的脸，生怕和别人打招呼；下班了，大家都挑没有同事出门的时候拿起背包向外跑；公交车上，遇到同事不知道说什么。这些同事间的隔阂你是否注意到？

你的上司也注意到了这些，在一个工作团队中，总需要有一个活跃人物把团队中的每一个成员带动起来，而这个活跃人物就是上司眼中的人才。

积极是什么？积极是向上的人生态度，举例来说，假如你婚姻的另一半每天都这样说：太累了、太难了、我病了、我不想活了、我真不想工作、这日子没法过了……你会不会发疯？

同样，在工作中，也是如此，如果你身边的同事每天皱着眉头、一声不吭，张嘴就是：太累了、太难了、太无聊了……你是否有冲过去打他的冲动？

两个人跋涉在荒无人烟的大漠中，他们感到非常疲惫，而在翻越一座大山时他们不慎把随身携带的两壶水弄丢了一壶。在休息时，他们开始对话：

一个人说："完了，我们只剩下一壶水，怎能走出缺水的沙漠？"

另一个人说："真是太好了，我们还有一壶水，足够我们到达目的地。"

同样的一壶水，一个人看到的是失望，甚至是绝望，而另一个看到的却是希望。

人们常说，这个世界上有两种人，一种是乐观的悲观主义者，一种是悲观的乐观主义者。前者，把悲伤放在心底，带给人们的是欢声笑语；后者把忧伤溢于言表，却还要努力地向前冲。也许后者是坚强的象征，也许前者善于伪装，但是，你更愿意和谁一起共事呢？

据媒体报道，一项针对13 000名在职人员的调查显示，近80%的职场人士感到精神紧张和压力，近67%的职场人士感到压抑，超过70%的职场人士对工作产生倦怠，表示"不喜欢现在的工作"。

这种倦怠事实上就是对工作失去了兴趣，缺乏积极性造成的。积极乐观不但是一个人的生活态度，也是工作态度。在上司眼中，那些每天充满了活力、斗志昂扬的人才是团队的希望。成功的领导者希望下属和

他一样，都是乐观主义者。有经验的下属很少使用“困难”、“危机”、“挫折”等术语，他们会把困难的境况称为“挑战”，并制订出计划，以切实的行动迎接挑战。

美国宾州大学心理学教授马丁·沙里曼（Marti Seligman）在研究乐观心态激励人心的重要性时发现，对保险公司业务员的业绩来说，一些乐观测试成绩高的业务员比悲观型的业务员第一年超出21%，第二年超出57%。在一次次被拒绝后，悲观的人可能在心里告诉自己“这一行我干不了，一张保单也别想卖出去”。而乐观的人会告诫自己“可能我的方法不对”或者“不过是碰到一个情绪不佳的客户”。

很简单的一个道理，客户都喜欢有阳光一般感觉的业务员，不会喜欢满脸阴沉的业务员。上司喜欢积极向上的下属，不喜欢每日垂头丧气的下属。

关键是，悲观不但影响工作，而且影响个人健康。

某部有位上司，一生不抽烟、不喝酒、不赌博，每天都打太极拳，每天骑自行车10余公里上下班。看似身体健康，但内心却消极、悲观、牢骚满腹，他总是觉得自己官运不济，空有一身抱负却得不到重用，官场混迹数十载却总是副职，平日里免不了和别人发发牢骚，数落数落那些曾经平级甚至不如自己但现在官职在他之上的人，和他在一起，你感觉到就像生活在旧社会，事事不如意、不顺心，似乎除了升官，没有什么能让他快乐起来。越是这样，他越得不到重用。终于有一天，有一个外放的官职，虽然没有什么实权，但是级别上可以进一步。他满怀兴奋地走马上任，可是仅仅一个月后，便检查出身患肝癌晚期。

大家纷纷议论，他平日没有什么不良嗜好，怎么会年纪轻轻就得了这种病呢？一位懂得医学的同事一语道破天机：是过度压抑、悲观消沉

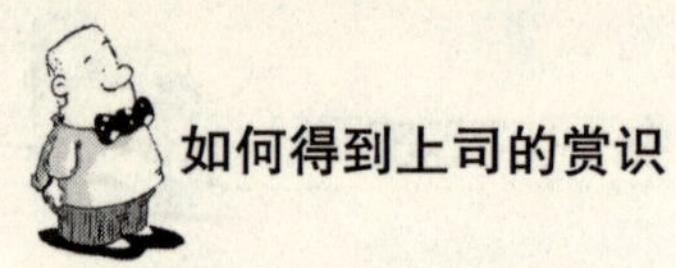

的心态把他害了。

由此可见，悲观事实上是慢性自杀，如果我们连生命都无法延续，又怎么能有机会迎接未来的成功呢？如果连你自己都对生活充满了失望、悲观的情绪，你又怎么能全力以赴地面对挑战呢？又怎么会有机会看到明日东升的太阳呢？

乐观地面对一切吧！所有人的工作内容都是克服一个个的困难。面对困难，便是挑战压力，能逃避吗？逃避了，也就是失去了职场的存在价值。没有了生存的基础，你还会拥有什么呢？

2. 正确处理周边关系

在电视剧中，我们时常可以看到这样的场景：某大臣因得罪皇帝，皇帝龙颜大怒要将其推出午门斩首，这个时候会有三种情况发生，一是大家纷纷求情，指出其功劳所在，皇帝便往往做个顺水人情，不予追究；二是大家纷纷称好，恨不得马上将其碎尸万段，皇帝即便后悔也没了退路，只能金口玉言不反悔；三是出于各自利益考虑，大臣们分成杀或留两派，争执不休，这个时候皇帝为了平衡各方关系，虽不杀，但一定要对其进行降级处罚或采取其他惩治办法。

这三种结局的出现，折射出了职场中人际关系的复杂。

人在这个世界上，没有谁是孤立的，你难免要和周围的人发生各种各样的关系，周围的人际关系便是你的生态环境，如果你破坏了生态环境的平衡，那么下场可想而知。

聪明的下属，他会让上司看到，他与所有人都保持了良好但是又有距离的关系。被人喜欢，但却不参与单位内耗的人才是最受欢迎的。

在职场中，你的人际关系往往决定了你的工作是否顺畅。

曾经，有人这样形容工作十年之后的职场中人：工作对于他就是打电话聊天，无论什么问题到他那里都是一个电话的事。

然而，也有这样一类人，他每天游走于各色人之间，参加各类社交活动，而对所有人说的话永远是“咱们看看有什么能合作一起赚钱

的”。这类人的人际关系圈子目的性很强，也许他们会一年半载不给你打一次电话、发一次电邮，但是一旦你收到了他们的电话，肯定是有事。或许有人会说“人与人不就是利用与被利用的关系吗?”，可是，这种赤裸裸的利益交换，却只会让人反感。要知道，这个世界上，同样的一件事情不止一个人能做到，在这个信息透明的年代，没有谁能拥有所谓的独一无二的资源，在这种情况下，人脉关系已经不能单纯地依靠金钱和利益来维系。

在职场中也有类似的人，他们的眼睛盯着的只是上司，上司的喜怒哀乐就是他们的阴晴圆缺，而对于同事以及下属他根本不放在眼里。千万不要以为上司会喜欢一个人缘极差、只会迎合奉承的人。那些破坏了周边和谐关系的人，是孤立无援的，到了真正遇到困难的时候，一定得不到别人的帮助。拥有好人缘的人不是一味拉关系、走门子的“马屁精”。善拍马屁者，往往是奴才而不是人才，有时拍不好拍在马蹄上，反被人家一脚踹出门外，还有，只顾献媚取宠讨上司的欢心，部属或群众会背地里骂他、瞧不起他，工作中自然不会让他顺当。如再遇到“一朝天子一朝臣”的权力更替，这种人的日子会更难过。另外，还切忌不要卷入是是非非的单位派系矛盾斗争之中而成为夹缝里的牺牲品。

关系可以成事，关系也可以产生巨大的破坏力，其实我们工作生活的圈子说大很大，说小很小，可能一不小心破坏掉一个关系，便会打破你多年来悉心呵护的关系网，破坏掉你辛辛苦苦维系起来的生态圈。

这是一个浮躁的年代，每个人都在盯着别人名片上的职务，每个人都在琢磨着“如何利用人脉关系赚钱”。关系有两种，一种是利益交换关系，这是买卖关系，合得来就做，合不来就散伙；另外一种是不涉及任何利益的纯感情关系，这种关系比合作要更牢靠，这种关系不存在利益，只存在互助。

有着良好的人脉关系，你的路就会广。然而人脉不是金钱，金钱的获取依靠的永远是自身实力。人脉关系的建立依靠的也不是吃饭、喝酒、KTV那么简单，人脉关系依靠的是人格魅力，依靠的是志同道合，那种利益导向的关系你真的以为能称之为人脉吗？

当你红着眼睛去结交你认为有用的那些人的时候，你是否看清楚了自己？你能做到什么？你凭什么能让别人为你服务？仅凭你一句遥远的谁都能做出的“合作可以赚钱”的承诺吗？即便如此，哪些是你特有的资源？你能为别人带来什么？你的社会地位、财富和别人对等吗？

也许有人会说，大家是朋友嘛，朋友讲什么对等呢？可真实的情况确实是你想从别人那里得到东西，出发点就已经是错误的，凭什么谈感情？人与人之间的感情从什么时候开始起变成了达成目的的手段了？

人脉不是金钱，人脉是建立在自身不断完善的基础上的，只有不断提升自身的能力修养，才是赚钱的基础，不然只能是忙来忙去一场空。

上司看重你，不是因为你多会拍马屁，而是因为你的能力达到了他需要的水平，因为你可以成为他事业上的左膀右臂。

朋友喜欢你，不是因为你能给他们赚来多少钱，而是因为你们是惺惺相惜、可以说说心里话的知心人。

同事欣赏你，不是因为你能给他们做多少事、和上司关系有多好，而是因为你的乐观、积极和乐于帮助别人的爱心。

因此，每个人都能建立一个和谐的人际关系圈子，但前提是，你千万不要凡事以物质利益为出发点而去巴结别人、利用别人、最终伤害别人也毁了自己。

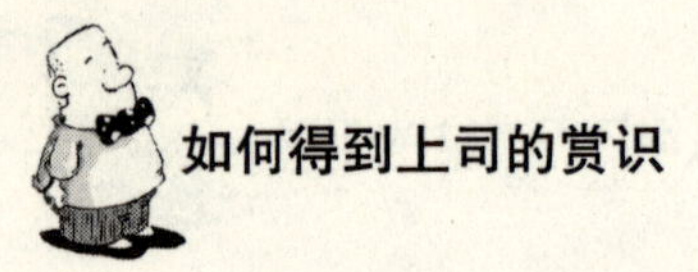

3. 让上司看到，你是团队中不可或缺的一员

让上司开心很重要，维系好周边关系也很重要，但是在职场中，要想立于不败之地，更重要的是你要让大家看到你的能力。因为，关系是靠人与人之间的某种纽带连接的，而能力却是你自己的，没有哪个上司会用一个一无是处，什么都做不好的下属。即便职场中的某些上司喜欢用奴才一样的人物，那他所钟爱的依然是能力卓越的奴才，也就是说，想当奴才，也要先是个人才。电影《锦衣卫》给了我们一个启示：每一个团队中都需要有一支“锦衣卫”，而不是一大帮无能的太监，除非你的主子是个昏君，如果你遇到了昏君，你还有必要做一个死心塌地的“青龙”吗？

能力的提升决定了职场竞争力，不管是在工作中还是在生活中，能力决定一切。上司需要的是一个有能力发现问题、解决问题的人，而不是一个夸夸其谈的人。因此，在职场中，心动不如行动、说到不如做到。一百个不能兑现的承诺，不如一次具体的行动。而付诸行动、兑现承诺的前提，就是能力。

如今社会进入快速发展的轨道，知识的更新已经到了日新月异的地步，因大学扩招而导致的“满大街都是人才、满大街都是庸才”的现象已经成为常态，企业市场感慨“没有人才”，上司经常埋怨下属“能力不行”。

有人说“我天生愚钝，着实没有什么能力”，能力并不是要求每个人都成为爱因斯坦，也不是让每个人都能获得诺贝尔奖。能力的体现是通过尽心尽力的努力去实现的。而能力体现的目的，则是让你成为团队中不可或缺的一员。

卫哲，毕业于上海外国语大学管理学院。1993年刚毕业就进入了上海万国证券公司。历任万国证券资产管理总部副总经理，普华永道（PWC）高级经理，东方证券投资银行总部总经理。2000年出任百安居（中国区）执行副总裁兼财务总监。2002年出任百安居（中国区）总裁，带领管理团队在5年中发展成中国最大的建材零售连锁超市。被评为“2004年度中国七大零售人物”和2005年度“中国零售业十大风云人物”。2006年11月正式加盟阿里巴巴，并出任集团资深副总裁兼企业电子商务（B2B）总裁。

在职业成长的道路上，他的速度是惊人的，只用了10年时间就从小秘做到了总经理。

小秘，这是一个冠冕堂皇的名称，事实上大学期间在万国证券实习的时候他做的工作就是给上司端茶倒水。很多人都觉得这是一个很丢面子的工作，大学生怎么能去给别人端茶倒水？但是卫哲不这样想，相反他很注重细节，端茶倒水也有很多学问：你知道什么时候该进去给上司续水或重新沏茶吗？你知道上司喜欢在什么时间喝什么样的茶吗？你知道上司喜欢喝浓茶还是淡一些的茶呢？……这些，都要你仔细去观察。再比如，你有没有想过，尤其是在会议期间，你该在什么时间给上司倒水呢？

很快，端茶倒水的学问他已经研究得很透彻了，他又有了一些新的发现：在那个网络还不怎么发达的年代，他发现上司每天忙碌到报纸都没时间看。于是，他开始了一个新的工作——剪报。把他自己认为重要的资讯剪下来，每天都拿给上司看，直到有一天，卫哲生病了，上司很急切地问：今天的剪报怎么没有送来？很明显，上司已经离不开他了……就这样，大学毕业之后他顺利地进入了上海万国证券公司，开始了他辉煌职业生涯的第一步。而正是凭着这种认真对待每一份工作的态度，成就了卫哲后来阿里巴巴集团资深副总裁的地位。

卫哲的故事至少对我们应该有所启示，一个人连端茶送水都能做出来学问，这不也是能力的体现吗？

可见，能力不是与生俱来的，而是通过个人后天的学习、揣摩得来的，只要用心去做，就会成为上司眼里有能力的一员。

能力的体现就是你在团队中成为不可或缺的一员。

因为，每个人都有自己的位置，每个位置都承担着不同的责任，你要明白，把你该承担的做到最好，不论是端茶送水还是科技研发，分工的不同决定了我们要承担责任的大小。也许你具备了研究原子弹的能力，但现在做的却只是端茶送水的工作，你要明白，如果你连端茶送水都做不好，上司会让你去研究原子弹吗？

当你兢兢业业地做好每一件事时，当你成为你所在团队中不可或缺的一员时，上司除了赏识就是赏识，这是水到渠成、比任何方法都更奏效的事。

如果你粗枝大叶，什么事情都出纰漏，缺乏职场竞争能力，成为团队中可有可无的人，那面临的必然是同事疏远、上司讨厌，最终只能落得个卷铺盖走人的结局。

4. 机会属于那些懂得感恩的人

佛曰：前世五百次的回眸，才换来今生的擦肩而过。你是否想过，按照这种方法计算，今生与你共事的这些人，需要你前世数以百万次的回眸才能换来啊！既然如此，你就应该“感谢天、感谢地，感谢命运……”当然，也要以感恩的心态面对周围的每一个人。

千万不要以为所有人对你所做的付出都是理所应当的，千万不要以为所有的人都能无止境地去帮助你。你要明白，只有懂得感恩的人才能得到众人的帮助，而不懂得感恩的人，必将是孤家寡人。

职场是人与人之间的关系构成的，企业和员工之间，不单单是简单的雇用与被雇用之间的法制关系，也是一种道德契约关系；上司与下属之间，也不单单是领导与被领导的关系，更是上下合作的关系；而同事与同事之间当然也不仅仅是共事的关系，还是同舟共济、相互帮助的情感关系。

如果职场中仅仅是靠法制、利益来联系，而没有了情感的纽带，那么你还能在这样的职场中久留吗?

俗话说，千里马常有，而伯乐不常有。在工作中，我们总需要有个平台来展现自己的能力，而这个平台包括了两个方面的内容，一个是上司的信任，另一个则是同事的互助，才能使我们完美地完成各项任务，实现人生价值。

所以，无论我们取得多大的成就，心中都要长存感恩之情——知遇之恩和相助之恩。

在职场中，上司的提携往往会改变一个人一生的命运。要知道在大多数情况下，人与人之间的能力差别并不大，当面临升职、加薪时，虎视眈眈的不止是一个人，然而，最具竞争力的却是懂得感恩的人。

职场中、生意场上“忘恩负义”的例子屡见不鲜，甚至有时候“吃水不忘挖井人”这句话都成为大家拉拢关系的客套话，久而久之，谁会相信有人懂得感恩呢？

小王是机关里的小科员，但是心机很重，处心积虑地想往上走。经过一番努力打通人脉关系后，在上司老赵的帮助下，小王成功晋级，只是已经不再是老赵的属下，而是调到了其他部门。小王当初也是将“吃水不忘挖井人”挂在嘴边，对老赵谦虚而谨慎的人，可如今却变得大不相同了，他甚至开始公开反驳老赵的意见，似乎在以此证明自己得到提拔与老赵无关。不仅如此，小王只有在遇到需要帮忙的事时才会给老赵打个电话，内容无非是利益交换，你给我办成什么事，我给你多少钱。而到了节庆日，小王也不再去看老赵，甚至连短信都不发一个。

时间久了，老赵对小王失去了兴趣，逢人便说小王是个忘恩负义的人，而且在工作上，老赵也不再支持小王，只要是涉及小王的事情，必然是能推就推、能拖就拖。最终小王被降级处理，走了一圈又回到了原位。

贵人的相助往往是成就事业的关键，当贵人遇到职场危机时要尽力相助；当贵人无法帮助你再次突破的时候，千万不要过河拆桥将他遗忘。拥有珍惜和感恩的心态，才能吸引更多愿意帮助自己的人。

小王却恰恰相反，他不仅伤害了老赵，也使自己落下了个忘恩负义的恶名，以后有谁还能帮助他呢？由此可见一个人可以成为你的贵人，给你以帮助，把你捧上去；一个人也可以把你拽下来，让你回到原点。

上司的帮助不仅仅表现在关键时刻提拔一下、发奖金时照顾一下，还表现在对工作的严格要求上。千万不要以为只有处处宽容你错误的上司才是好上司，那些处处刁难你的上司，也是你生命中的贵人。只有这样你才能不断完善自己，提高自己，才能应对更大的挑战，才能走得更高、更远，让自己变得更强。

“士为知己者死”，古人为了报答他人的知遇之恩，可以不惜生命。为朋友可以赴汤蹈火、义无反顾。这是我国古代的英雄节义、精神价值，永远让后世感佩仰慕。

“风萧萧兮易水寒，壮士一去兮不复还”是荆轲为报燕太子丹的知遇之恩；“鞠躬尽瘁，死而后已”是诸葛亮报答刘备的知遇之恩。无论我们在行政机关，还是在事业单位，无论我们在国有企业，还是在私营企业，都会和上司工作在一起。在我们每个人的职业生涯中，上司扮演着重要的角色，一位优秀的上司可以说是我们生命中的“贵人”。遇到这样一位重要的“贵人”，我们不仅在职业成长的进程中会大大加快前进的脚步，而且还会在人生路上多一位很好的引路人。

有这样一则小故事，更能说明感恩的力量。

史蒂文斯失业了，一切来得那么突然。在软件公司干了8年，他一直以为将在这里做到退休。史蒂文斯的第三个儿子刚刚降生。然而，这一年公司倒闭。

他的生活开始凌乱不堪，每天的工作就是找工作。一个月过去了，他还没找到工作。终于，他在报上看到一家软件公司要招聘程序员，待

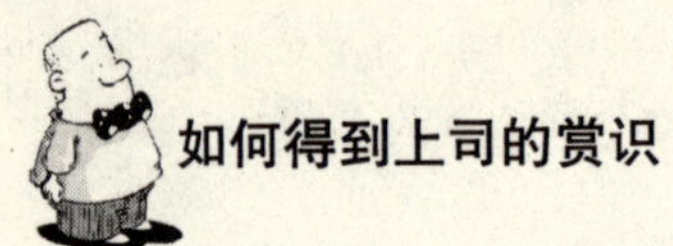

遇不错。史蒂文斯揣着资料，满怀希望地赶到公司。应聘的人数超乎想象，但凭着过硬的专业知识，初试和笔试，史蒂文斯都轻松过关。两天后面试，他对自己8年的工作经验无比自信，然而，考官的问题是关于软件业未来的发展方向，这个问题，他竟从未认真思考过，最终落选了。

事后，史蒂文斯觉得这家公司对软件业的理解，令他耳目一新，虽然应聘失败，可他感觉收获不小，于是立即提笔写道："贵公司花费人力、物力，为我提供了笔试、面试的机会。虽然落聘，但通过应聘使我大长见识，获益匪浅。感谢你们为之付出的劳动，谢谢!"

这在当时是一封与众不同的感谢信，落聘的人没有不满，毫无怨言，竟然还给公司写来感谢信，真是闻所未闻。这封信被层层上递，最后送到总裁的办公室。

3个月后，新年来临，史蒂文斯收一张精美的新年贺卡，上面写着：尊敬的史蒂文斯先生，如果您愿意，请和我们共度新年。贺卡是他上次应聘的公司寄来的。原来，公司出现空缺，他们想到了史蒂文斯。

这家公司是美国微软。史蒂文斯后来成为微软副总裁，是MS Office之父。

一个小小的举动不仅感动了雇主，也给了自己一个新的发展机会，所以说，机会属于那些懂得感恩的人。

职场中我们要学会感恩，要感谢给你提供"表演舞台"的人。人生中观众永远是多数，演员是少数，舞台更有限。在职场中能力和你差不多的人可能一辈子都没有施展能力的机会。上司能给你施展能力的空间，让你优先展示才能，就意味着你实现自我价值的机会比别人多。

在上文小王的事例当中，假如他懂得报知遇之恩，心中常怀感恩之情，那么老赵不会反目，相反，会有更多的人出来帮助他。因为只有懂得感恩的人才会对社会有所回报，才会获取他人的信任，才会让上司放心地授权。

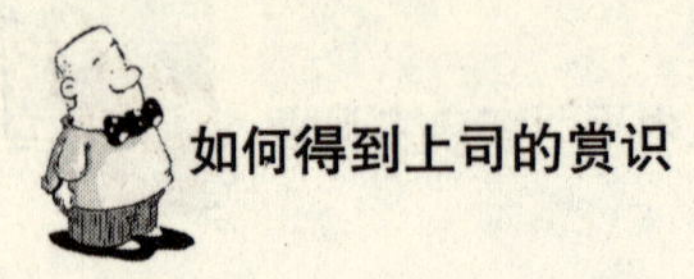

5. 不传谣、不信谣、不造谣

《韩非子·内储说上》：庞与太子质于邯郸，谓魏王曰："今一人言市有虎，王信之乎？"

曰："否。"

"二人言市有虎，王信之乎？"

王曰："寡人疑矣。"

"三人言市有虎，王信之乎？"

王曰："寡人信之矣。"

庞葱曰："夫市之无虎也明矣，然而三人言而成虎。今邯郸去大梁也远于市，而议臣者过于三人，愿王察之也。"

王曰："寡人自为知。"

于是辞行，而谗言先至，后太子罢质，果不得见。

这就是"三人成虎"的故事，可见谣言猛于虎自古便有教训。

小赵是某杂志社活动部总监，为人热情、工作勤奋、人缘极好，应该说具备了一切优秀员工的素质。同事们有什么开心的、不开心的事都愿意跟他说，其中自然也包括对单位的某些不满和对上司的怨言。上司自然知道小赵的能力，也知道他的人缘，因此，对于小赵是又爱又恨。

不知道从什么时候开始，也不知道是谁开始在互联网上第一个散布了一个消息——“单位所有的电脑都被安装了监控软件，员工所有的QQ、MSN等聊天资料都会被监视”，这条消息像病毒一样迅速蔓延，在员工中造成了很大的影响。

虽然事后经证实，这是一个谣言，但是对此事的追查却成为又一个风暴。

而小赵，居于风暴的中心，因为他人缘最好，知道的消息最多。可是这一次，小赵一问三不知。好奇的同事和急于知道真相的上司都把矛头对准了他，小赵苦闷异常。

事实上，这个谣言确实不是他制造的，但是小赵却不可避免地参与了传播，当初他曾出于好心提醒了一下和他关系最好的同事。到底是谁第一个说有监控，小赵真不知道。

可是上司不相信他的解释，基本上确认他就是源头，但苦于找不到证据，最终以知情不报、破坏团队和谐、帮助传播谣言、造成恶劣影响为由，将他辞退。

好人缘是好事，但是好人缘不可以用来破坏公司和谐。

这是小赵最终得出的结论。

故事中的小赵并没有参与谣言的制造，却在不经意间参与了谣言的传播，这是职场中的大忌。职场中上司最深恶痛绝的不是好吃懒做的下属，而是那些经常在团队中散布负面信息的下属。办公室内切忌私自拉帮结派，形成小圈子，这样容易引发圈外人的对立情绪。更不应该的是，充当消息灵通人士，在圈内圈外散布小道消息，这样大家只会对你避之唯恐不及。世上没有不透风的墙，你还不知情，可能就把人得罪了。

你不理会谣言？错了！想要得到上司的赏识，你就要善于辨别谣言。

有的谣言，只是个笑话，譬如同事之间的“桃色新闻”，你只管随着大家笑笑就好；有的谣言，具有杀伤力，并对他人人格造成损害，那你就不要参与；有的谣言，会对团队和谐、公司发展造成损害，那你就要及时制止，如果没有能力将谣言扼杀，那最好的办法则是将其报告给上司。

千万不要参与谣言的传播，譬如上文中所说的小赵，好人缘意味着你和每一个人都是好朋友，但不可避免的是，你有可能会成为同事们的“垃圾桶”。

职场中大多倾诉的不也就是工作以及上司的那些事吗？有一部分人就爱琢磨别人，研究别人，天生猜忌心重，总把事情按自己的想象力去延伸，去描画。本来这些东西他会放在心里，经常揣摩，可是一旦到了某种特定场合，如酒桌上、谈论中，就会不自觉地把自己想象的事当作事实讲出去。而如果你是“垃圾桶”，那么你每天将花大量的时间和精力去处理这些有公害的垃圾。而且一不小心，一旦将垃圾遗漏、腐烂，还将给办公室造成不大不小的空气污染。到了这个时候，上司找的一定是你的毛病，因为他不知道是谁把垃圾丢进垃圾桶的。

每个人都要面对谣言，每个人都逃脱不了别人的嘴巴。当有人传播你的谣言时，你必须理智地面对，该解释就要解释，尤其是对上司。因为谣言往往起于你最受重视、最有可能晋级的时候，这时候的谣言往往来自于竞争对手，能否正确处理这些谣言，表明了你的危机公关能力。

反击也要讲究策略，要知道，事实是最好的反击。在真相一时难以辩明或暂时找不到有说服力的证据时，要懂得沉默是最好的反击。如果

是一些无关紧要的芝麻小事，不妨漠然视之。要知道，有些事情会越抹越黑，大张旗鼓地辟谣反而会加剧谣言的不良影响。保持沉默倒是上策，浊者自浊，清者自清，过不了多久，谣言自会随风而逝。

所以，正确处理谣言，是一门艺术，也是每一个职场中人必须面对的问题。切记，把握好自己，不传谣、不信谣、不造谣是职场守则之一。

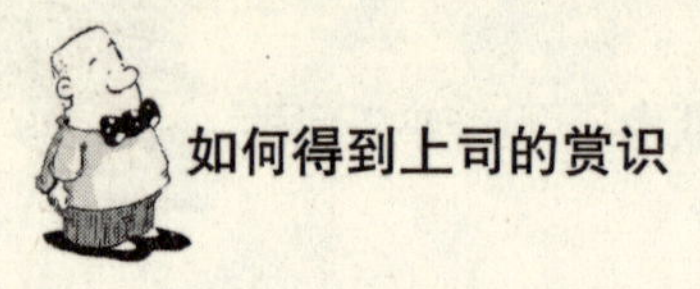

6. 没有完美的下属，也没有完美的上司

上司是人，自然有缺陷，没有完美的下属，也没有完美的上司。上司之所以成为上司，自然是有其过人之处，也就有你可取之处。在企业中，即便是在家族企业中，也很难找到一个没有真才实学，靠托关系、走后门升职的上司。在官场中，即便是托关系、走后门当上了你的上司，你也必须要清楚地明白，上司掌握着你的前途，你必须要学会面对他。

上司是一个团队的首脑，他性格的缺陷，比如暴躁、忧郁、激进等等都将成为影响团队发展的因子，面对有缺陷的上司，我们应该如何应对呢？

传说古时有一个长相丑陋的暴君，左眼瞎右腿瘸。他令手下找来一个画家为他画像，这个画家画得非常逼真，把紧闭的瞎眼和拖着的瘸腿都如实地画在画布上。国王看后勃然大怒，下令杀了这个画家。隔了几日又找来一个画家，这个画家胆战心惊，不敢如实地画了，画中的国王左眼睁开了，右腿也直了。国王看后暴跳如雷，以为他在讥讽自己，于是第二个画家也没命了。第三个画家却很镇定自若，而且很快就画完了，这次国王看后是哈哈大笑，连声称好，众人围拢过来，只见画布上的国王跪着右腿，闭着左眼，摆出拉弓射箭的姿势。

故事虽然古老，但却告诉我们一个道理，面对上司的缺陷，第一不能如实公开道来，那必然对上司是种伤害，如果你伤害了上司，那你的日子还能好过吗？第二不能歪曲事实，如果连上司都已经意识到的缺陷，你还去说那是优点，这岂不是让人感觉到有说反话的嫌疑，这种情况下就是马屁拍到马腿上，也不会有好果子吃。第三要实事求是但却要有技巧，让上司既能认识到自己的问题，还能接受给出的改进建议，这才能皆大欢喜。

有的上司因为看多了商场上的狡诈与利益交换，天性多疑，譬如《三国演义》中的曹操，面对这种类型的上司，你最好多汇报、多请示、多做几件漂亮事，让他能够安心地授权给你。如果你的上司总是怀疑你以公谋私，那你是否也要自我反省，自己是不是真的哪里做得不对。多疑的上司也是谨慎的上司，因为经历了风风雨雨，内心反倒更渴望有个值得信赖的心腹，这个时候，你最好能多多体谅上司的难处，反倒能收到意想不到的效果。

人贵有自知之明，尤其是当人犯了错误后，基本上都能认识到错误所在，上司亦然。譬如有些人喜欢评论上司的是非，当上司犯错后，便一直对其否定下去，而且在外人面前公开抨击上司的某些行为，这是不明智的选择。如果说上司需要宽容下属的错误，那么下属同样需要宽容上司的错误。另外，千万不要在上司犯错后自作聪明地公开去掩饰上司的错误，这样不但会引起同事的反感，也会让上司觉得你是在含沙射影。

有些上司因为久经沙场，有着丰富的工作经验，在日常难免表现出“霸权”的一面。这个时候你要知道，任何对他工作上的反抗都是无效的，即便是你真的有超越他的本领也不要张扬，因为他是你的上司。如果你确定你的计划比上司的完美，那么可以私下和他沟通，或者通过电邮将你的计划发给上司作参考吧！

有些下属的聪明总是表现得后知后觉，往往都是当上司的错误已经造成结果时，他才开始说“我早就知道这样……”之类的风凉话，显得自己比上司更精明。职场中无论是同事还是上司最讨厌的就是这种“事后诸葛亮”，如果你真的能预见不良后果的发生，千万不要只是夸夸其谈而没有完整的思路，而应该巧妙地指出，并让上司欣然接受，以避免可预见的结果发生。如若不然，那就不要做个令人厌恶的“事后诸葛亮”。

宽容上司的缺陷不是不指出他的问题，不是放任自流，而是要区分好哪些对工作有害，哪些对自己的发展有弊端。一定要掌握好原则，凡是与工作无关又与你无关的缺陷，如果你和上司不是关系很铁的兄弟，那就不要过多干涉。如果上司的某些行为让你很不满，你也应该站在上司的立场，替他考虑一下。作为下属，我们不应该因为上司有一些缺点而否认他比我们优秀的地方。

当然，正确对待上司的缺陷并不是要你忍气吞声、放弃人格，当你觉得你的上司的缺陷确实令人头痛不止、无法忍受的时候，那你最好选择离开，如若不然，那将是对生命的最大浪费。

五

关系
决定成败

1. 换位思考，学会面对不同类型的上司

上司的种类有很多，从学历上、年龄上、性别上乃至地域上区分，每一种类型的上司都有他们不同的心理特质，也因此决定了他们不同的行为方式。作为下属，你要去努力适应这些与自己不同背景的上司，才能得到他们的欣赏。

按学历背景来分，有：

低学历上司

并不是所有上司都是高学历、海归派或科班出身，学历并不能代表什么，如今在很多职位上，低学历的上司并不鲜见。如果你遭遇的恰恰是低学历上司，而你和你的同事都是高学历员工，那你必须要理解他隐藏于内心的自卑心理。因为低学历上司的求职之路更加艰难，他的付出要比别人更多，他的吃苦精神和积极进取的精神都是值得所有人学习的，他比别人更期望得到认可和尊重。

有时候他可能会不按常理出牌，千万不要用书本的理论去套他的做法，当他自信满满时，那一定是他多年经验摸索出来的真理，不要试图用你所学的理论去与他的实践针锋相对，也不要以为自己是科班出身就看不起低学历的上司，相反，脚踏实地的精神是你要学一辈子的。

你如果能够经常虚心请教，反倒会让他觉得你有“空杯”心态，会对你刮目相看。

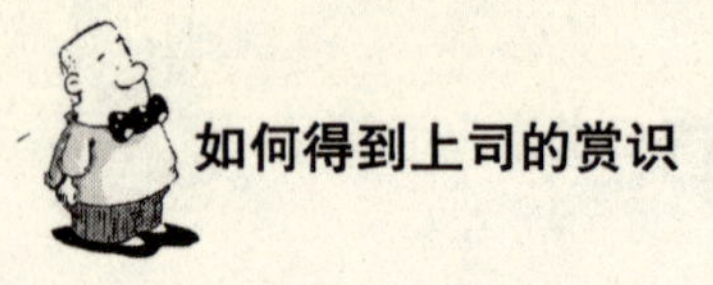

高学历上司

这一类上司因为受过高等教育甚至是海外教育，在语言、行为、思维方式上难免会有理论重于实践，甚至工作方式西化的倾向。

当你遇到这样的上司，你首先要按照他的思路出牌，尊重他、学习他，遇到与中国文化相冲突的问题时，多虚心地请教他。这类上司虽然绅士，但却有着别人少有的优越感和高傲感，所以即便意见不合，也不要跟他对着干，千万不要以为西方的议会是可以公开辩论的，你就去与之争辩。

高学历上司更喜欢做事有计划、有条理、善于总结，并善于使用数字说话的下属。当你面对这一类上司，千万不要以为事情做好了就可以高枕无忧，而要认真总结，不断提出新的工作改良计划。因为高学历上司有着千军万马过独木桥的考场搏杀经历，同样也有着追求完美，不断追求进步的职场心态。

按年龄来分，有：

年长的上司

年长的上司在职场中摸爬滚打了一辈子，有着足够渊博的知识、丰富的社会经验和广泛的人脉关系，看似平淡无奇，其实百万大军运筹于帷幄之间是他们的特质。他们看多了人情世故，对你要出来的小聪明能一眼看穿，他们也更加务实。所以在老上司面前不要不懂装懂，不要另类，更不要要小把戏，这些对他们来讲都是小儿科。

踏踏实实、勤勤恳恳地走好每一步，比你凡事走捷径更能受到他的喜爱。

年轻的上司（80后上司）

如今的80后已经不是毛躁小青年的代名词了，80后中的一部分已经到了三十而立的年纪，他们已经不是从前玩世不恭的少年。随着社会的历练也变得成熟起来，但是80后的特质，比如跳跃性思维、无拘无束的理念、反感繁文缛节的心态却依然存在。如果你是个60后、70后的下属，那你就要跟得上他们的脚步、追得上他们跳跃的思维。

80后看似玩世不恭，其实他们的事业心和自尊心一样很强，他们是面临着各种社会压力成长起来的一代，玩世不恭只是他们的表象，他们的内心依然充满了审慎的生活态度。当他们走上上司岗位后，更能够理解自己的同龄人所面临的压力。

但是千万不要在他们面前表现得保守而学究，那样只会让他们觉得你很土，没有创新精神。

按性别来分，有：

男上司、女下属

职场中男上司偏多，即便是一直在喊着男女平等，而事实上在工作中，男女所承担的责任和义务还是有差别的，因此，在待遇上男女也有了差别。如果你是女下属，千万不要每天哭着喊着以“男女平等”为借口去要求你的男上司给你平等待遇，你必须要明白——平等的权利就要平等的责任和义务，除非你能和男性一样承担起相同的责任，否则，你的要求将成为无理取闹。

女下属有时候会聪明地利用自己的美貌、柔弱获取男上司的怜爱，以此来换取“男女公平”下的“不公平”，这是愚蠢的做法。因为在职场中，工作能力决定了工作结果，工作结果是众目睽睽之下的。聪明的男上司不会为那些妩媚的女下属所迷惑，他只是偶尔给女

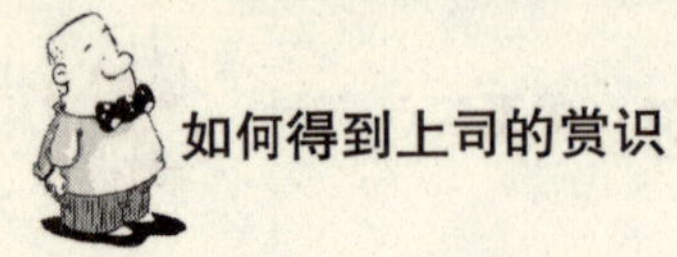

下属一个面子罢了。

女下属不要和男上司玩职场暧昧，这是玩火自焚的大忌，千万不要以此为晋升之道，更不要纠缠进男上司的家庭事务，一旦出现这种情况，那你失去的可能就不仅仅是工作了。

女上司、男下属

女上司大多给人的感觉是雷厉风行、冷若冰霜、不易靠近。同时因为中国几千年来传统的男权主义思想，所以男下属往往对女上司多有不服，因此也造成了女上司往往有过于保护自己的想法。

当你面对女上司时，千万不要以男人的标准去要求她，也不要因为她是个女人就去抵制她的命令。女上司更需要得到男下属的认可，这种认可最切实的就是把她要求的事情圆满地完成，而不要做着事情又唠唠叨叨，这样不是让你自己变得比女人还女人了吗？

大丈夫能屈能伸，千万不要有男权主义思想，职场无性别，上司就是上司，不要刻意区分男女。

以上种种只是对上司做出的大概分类，提取的只是共性，并不代表个性。这种分析仅仅是为了让你更了解上司的特质，然而在工作中最重要的不是分析上司，而是努力工作。

只有踏踏实实地做出成绩，不管是哪种上司，都会赏识你，给你提供更大的发展空间。

2. 处理好上司和老板的关系

如果你的上司就是你的老板，关系相对就简单了，但是如果你的上司也是老板的雇员呢？这时候你必须要搞清楚，到底是要追随你的上司，还是要效忠于你的老板。

电影《锦衣卫》中便出现了这样问题：追随上司，那就意味着叛变老板；反抗上司，那就意味着尚未被老板认识，便离开职场。

于是，有的人直到从职场黯然退出，还没有搞清楚他到底效忠的是上司还是老板。

你看古代多少人因为跟错了上司，当上司被抛弃时，落得个家破人亡的下场？

上司之所以成为上司，是因为他得到了老板的器重。上司之所以也能下岗，是因为老板认为他已经不具备追随自己的能力、忠心。如果你追随的是一个老板器重的上司，那恭喜你，得到了上司的垂青也就基本上得到了老板的认可；可如果你追随的是一个自身难保的上司，那么你对上司的忠心就可能成为老板的眼中钉。

所以你要认清楚上司和老板之间的关系态势，这将会对你的职场生活产生极大的影响。上司忠心，那么你的卓越就是成就上司的事业；如果上司不忠，那你对上司的忠心恰恰就是对老板的不忠。

再有本事的上司也不过是为老板服务，上司再重要，你们拿的也都是老板的工钱，都要为老板负责。所以，获得上司的赏识只是为了能够得到老板的认可，争取更大的发展空间，而不是仅仅为了让上司认可。

得到上司的赏识，其目的是为了让自己拥有更大的平台，可是有的上司并不喜欢比自己聪明的下属，他认为，下属的才干会对他造成地位的威胁，除非下属能把自己的贡献转化成他的成果，否则对于能力卓越的下属，他可能采取各种打压的手段，来限制其发展。

遇到这种上司你该怎么办？第一你要低调，将自己的努力和奉献只要换成钞票就可以，不要和上司争功，做个幕后英雄。第二你就直接辞职吧，因为你即便和上司沟通，也未必能解决问题。

上司不是老板，上司也会有私心。如果你的上司是一个有野心，总想着独立创业的人，而你恰恰又是他最得意的下属，当上司萌发出想要创业的念头时，你是追随上司还是追随老板？

如果你可以直接对话老板，不仅仅是上司，连老板都很器重你，你如何取舍？

这个问题就好比封建王朝中关于“良禽择木而栖，贤臣择主而事”。不要以为这是一个简单的选择，这将有可能改变你今后的职场命运。

从个人发展的角度上来讲，我们不妨做个简单的分析：

追随老板，则意味着背叛上司，上司要去创业你不追随，老板可能会感慨于你的忠心，并且有可能让你顶替上司的位置，成为别人的上司。可是这样有一个潜在的危险，上司的背叛会让老板心存芥蒂，他会百分百的相信你吗？追随老板、背叛上司，同事是否会对你的选择表示理解，你会不会从此被孤立起来？

如果你的上司不具备创业的条件——比如资金、人脉、产品、人才等综合优势，他的创业只是一厢情愿的自负之举，那你还是不要随他而去了。

如果老板确实昏庸无能、前途暗淡，追随他已经没有什么前途，而上司恰恰胸怀大志，那你就可以挥一挥衣袖，辞别老板，追随上司而去。

但并不意味着追随上司就没有风险。

赵匡胤为何杯酒释兵权？因为曾经的上司成了今天的老板，今天的老板也要面对自己的下属叛变的危险。

所以，身在职场如在江湖，做好选择题，不然一步走错步步错。

3. 能吃小亏，才能有福报

工作是谋生的手段，因此工作的目的是获取金钱的满足，这个想法无可厚非，但是在职场中，要想让你的职位、薪水实现跳跃式发展，那么你就要懂得该吃亏时就不要占便宜。

职场中可能有人会对加班斤斤计较——有没有加班费、是不是可以串休、我加班别人都干什么……凡此种种都不是甘于吃亏的人。

上司有时候会给你安排一个“义务劳动”，比如打扫一下办公室卫生、下班时间陪上司跟客户喝酒、给他买个午餐、照顾一下他的家人、办一些其他私事……你认为这是吃亏还是上司把你当成了心腹？

中国有句老话叫“吃亏是福”，千万不要把这些当成你不应该做的事情，有些微不足道的小事，却可以让上司铭记在心，成为你前进的基石。

尤其是对于初入职场的新人来说，千万要吃好小亏，才能有福报。不要以为上司让你干活是欺负你，那才是真正的历练。许多大学生抱怨自己平时“吃的是杂粮，干的是杂活，做的是杂人。”其实一个新手刚到一家公司，上司通常不会也不敢将重要的工作项目交付给他来完成。刚开始工作的那些所谓杂活，虽然是不很起眼或者不很重要的工作，但仍然努力完成工作，这其实就是在给你自己加分。要知道在一个人初涉职场时，更重要的是经验的积累而不是金钱的积累。当你能够得到上司的认可，提拔并引导你逐步开展工作、认识社会的时候，你觉得这个财富是金钱所能衡量的吗?

牛根生常说的是：“我的母亲给了我教育，她嘱咐我的两句话让我终生难忘，一句是‘要想知道，打个颠倒’，另一句是‘吃亏是福，占便宜是祸’。”

“吃亏”往往是指物质上的损失，但是一个人的幸福与否，却往往是取决于他的心境如何。如果我们用外在的东西换来了心灵上的平和，那无疑是获得了人生的幸福，这便是值得的。在“吃亏是福”的前提下，我们应该认识到两点，一个是“知足”，另一个是“安分”。“知足”会对一切感到满意，对所得到的一切，内心充满感激之情：“安分”则使人从来不奢望那些根本就不可能得到的或根本就不存在的东西。

小王刚大学毕业就应聘到了一家国有企业，第一天上班，小王就感受到了周围的冷漠，没有人告诉他怎么做，只有人要求他做什么。小王没有郁闷，他从端茶送水开始，这些看似吃亏的活，却被小王打理得井井有条，办公室的人不好意思冷落他，小王如果有什么不懂的问题，只要一张嘴，总会有人回答。

小王并不甘于只吃这种“小亏”，他希望那些老前辈们能给他更多“吃亏”的机会，于是他主动从前辈们手里要来工作，替他们完成，比如写个演讲稿、准备个会议材料之类的。这些看似平淡无奇的举动，却让小王在最快的时间里，掌握了公司的情况，并且得到了大家的认可。

受点委屈不要紧，要紧的是在受委屈之后你能获得大家的认可。很多大学毕业生，刚进入公司时常常吹牛，说自己在学校如何如何，本来可以找到更好的工作，迫不得已才来到了这里等等之类的话，好像这家公司委屈了自己。在这里提醒一下那些即将步入职场的大学生：这种心态千万要不得！不要认为自己很牛。要知道，一山还有一山高，没有谁是最优秀的，只是缺乏参照罢了。

在职场工作中受点委屈是很正常的事情。此时，与其怨天尤人，不如学会化委屈为动力，变劣势为优势，中国人的传统说法“吃亏是福”，就可以恰如其分地用在这里。其实，受委屈在一个人的职业生涯中是必经的磨砺，只有经过了各种意外情况的历练，一个人才能真正成长起来，才会游刃有余地纵横职场。

古语有，“小不忍，则乱大谋”“忍得一时之气，免得万年之忧”。因此千万不要以为吃亏就是懦弱，那只是我们积蓄力量的过程而已。

吃亏是一种境界，是一种甘为孺子牛的境界，你的上司会把一切都看在眼里。俗话说“实践出真知”，多干点工作，你才能更快地成长，等你羽翼丰满，你就会明白，原来那些别人看来“吃亏”的事，其实都是一笔笔难得的财富，聪明人把它们占为己有，而愚蠢的人则把这种财富白白送给别人。

4. 职场凶险，谨防小人

人都有“羡慕—嫉妒—恨”的心理转化历程，当你在职场中一帆风顺时，也要谨防小人暗算。

职场竞争的激烈不言而喻，看看人才招聘会吧，多少人为了争夺一个职位不惜抢破了脑袋。职场中每个人都在奋力向前走，当上司只能提拔一个人但却欣赏几个人的时候，就难免会出现小人暗算的情况。职场小人有多少种，不说不知道，一说吓一跳：

一、善于窃取别人劳动果实的人

比如你刚想好的一个创意，不经意间脱口而出，可能就成为小人的创意，他会赶紧跑到上司那里去汇报你的想法，从而先入为主得到上司的首肯。恐怕还没等你拿出行动方案，他的计划已经进入了实施状态。

对于这种人，你可能防不胜防，有时候即便是你的思路放在个人电脑里，也可能不翼而飞地跑到他的文件夹中，因此现在职场中，几乎每个人的办公电脑都设置了密码。这密码并不是因为电脑中有多少隐私，而是防止有人经常翻看别人的创意窃为己有。

但是这种人在公司中的人缘未必很差，所以吃了一次亏，你就要长记性，设置好电脑密码，甚至文件夹密码，灵光闪现的创意赶紧写出来并及时上报上司，不给小人以可乘之机。

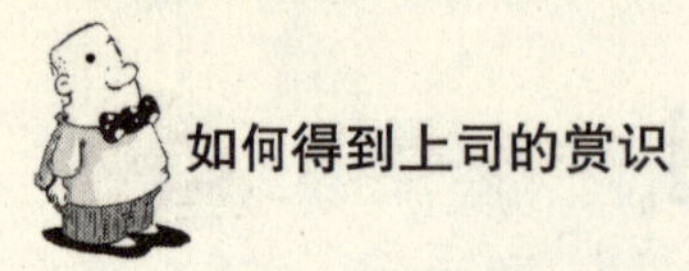

二、善于推卸责任的人

当项目遭遇失败，这种人会第一个跑到上司那里陈述缘由，千万不要以为他是在真的检讨自己的过失，其实是在向上司灌输“此事都是他的问题”，而偏偏你的表现不佳，那么理所当然的你就成了承担责任的人。

对付这种人，你要拿出足够的证据来证明你的清白，否则你就不要张嘴争辩，更不要再将责任推给别人，因为没有证据的争辩在上司看来只能是狡辩。如果不想让自己落个“狡辩”的恶名，你最好承担下责任，毕竟群众的眼光是雪亮的，你的黑锅也不会背到底。

三、善于掩饰，但其实计较得失的人

有些人平日里表现得比谁都谦谦君子，装出一副与世无争的样子，其实心里比谁都计较。这种人往往藏得比较深，看起来似乎和每个人都保持了良好的关系，甚至有些人会当他是最好的朋友，一旦开始和他无话不说，危机也就开始出现。每个人都有些见不得光的隐私，一旦酒后失言，吐露出来，在你和他有一天成为竞争对手的时候，你的隐私也就成了他的武器。

这种人是最难对付的，可能你今天还是上司眼里的宝贝，明天他就连看都不再看你一眼，千万别以为你做错了什么，而是有人在背后插了你一刀。当你遇到这种事，一定要开诚布公地和上司谈谈，只有这样你才能找出问题的症结，即便上司不告诉你是谁在背后说了坏话，你也能猜个八九不离十吧。

四、善于造谣的人

这种人平日里就喜欢说三道四，善于制造话题，如果你不小心落到

他手里，那就要做好思想准备了。

对于这种人，首要不要给人家制造话题的机会，其次出现了问题要及时发现并将其扼杀在萌芽状态。古语说“三人成虎”，如果你听之任之，则有可能让谣言变成真理，到了那个时候，亡羊补牢可就来不及了。

五、喜欢打击别人的人

有些人就喜欢风言风语，正如古语所言“木秀于林，风必摧之”，一旦你做出了些许成绩，别人都在为你高兴的时候，总会有些人跳出来打击你的信心。或者当你提出新的项目建议，他就会千方百计地提出反对意见，力求让你打消实施的念头。这种人的存在有两面性，如果是无心的，那是在激励你谦虚谨慎；如果是有意的，则其内心是对你的成绩产生了恐慌，生怕你会超越他或者成为他的上司。

如果你中了他的套，大发雷霆针锋相对，则会让大家误以为你这个人居功自傲、听不进去相左的意见，上司也会对你产生不良印象。最好就是当成耳边风，有则改之、无则加勉，你不反抗，他也就少了对手，自然偃旗息鼓。

六、装可怜的人

这种人最可恶，他往往用自己的柔弱换取你的同情，当你把他当成好朋友，提供无私帮助的时候，也许就是“农夫与蛇”故事的开始。

无论是哪种小人的出现，无非缘起于利益的争夺。身在职场，明枪易躲暗箭难防，尤其是当你得到了上司赏识的时候，一定要提防身边的小人，不然很可能前功尽弃，千方百计在上司面前树立起来的光辉形象毁于一旦。

因此，平日里要谨言慎行，尽量不要得罪别人，尤其是那些心机很深的人。你应该保持好人缘，争取大多数人和你处于一条阵线上，这不是让你拉帮结派，而是让你保持和大多数人关系的和谐，一旦遇到问题，保证你不是在孤军奋战。

同时，你也不要让自己成为小人，一旦不小心成了别人痛恨的小人，不要说得不到上司的赏识，恐怕连同事都要远离你、唾弃你。

上司赏识的是那种能够处理好各种同事关系，善于树立团队形象的人，你可能得不到所有人的认可，但是你一定不能人为地制造分裂，变成小人。

5. 世界上最笨的事都是聪明人干的

有句话是这样说的“世界上最愚蠢的事情往往都是最聪明的人干的”，确实如此，傻瓜是不能将傻事做到极致的，能将傻事做到极致的一定是个聪明人。

有的人为了得到上司的赏识，往往会错误地要一些小聪明。

小陶毕业后成功应聘到了某公司做销售员，公司要求员工在入职后一个月内，必须签订一笔合同。面对公司严格的末位淘汰制度，小陶有点着急，生怕自己被淘汰。于是便和老家的叔叔打了个招呼，两人商定好，由叔叔出面假装签署一份合同，先解决小陶的燃眉之急，至于合同能否履行，公司并没有明确要求，只要叔叔给了他一个拖延的时间，他便可以做出成绩。

于是一个自以为聪明的主意便在两个人的密谋下展开了行动，小陶成功地逃避了末位淘汰。但是因为合同迟迟得不到履行，而且小陶的叔叔签署完合同后便音讯全无，上司产生了疑心。就在小陶刚刚遇到一个意向客户，准备签单的时候，上司找到了他。面对上司的质询，小陶只好说了实话，上司二话不说，将小陶开除了，而那个即将签署的真实的合同，也再与小陶无关。

然而事情并没有就此结束，小陶换了一个公司后似乎领悟到了这一点，于是勤勤恳恳地工作，踏踏实实地营销，成绩虽然不大好，但是好

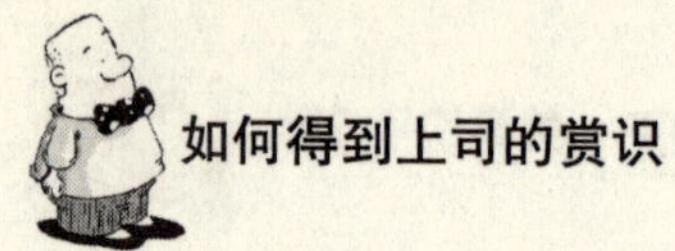

歹在公司算是稍稍立足了。

都说人是好了伤疤忘了疼，真是一点不假。小陶发现了公司管理上的一个漏洞，也就是公司的提成制度是递增的，比如：销售额10万以内提成比例为20%，10万到15万的提成就是25%。他想，一个人达不到15万，那两个人合在一起不就达到了吗？而且两个人的提成点都能提高，这样的好事不是一举两得吗？小陶心想，反正又不是没业绩，只要找个关系好的同事，神不知鬼不觉地把一部分业绩归到一个人身上，不就可以了吗。

小陶的小聪明很快得到了一个臭味相投的同事的认可，两个人一拍即合，合作了两个月后，两个人的收入都开始稳步增加，这让小陶有点飘飘然的感觉。

在一次公司员工的小聚会中，喝醉酒的小陶嘴上少了把门的，一不小心就把这个秘密给抖了出来。

结局可想而知，公司怎能没有告密者？小陶不但丢了工作，还丢了声誉，又被公司以违反制度，涉嫌欺诈公司为名，扣下了当月的工资。

小陶这一次彻底被自己的聪明给害了，原本以为是件大好事，结果最终成了一件大蠢事。

这就是耍小聪明的下场。

在职场中，类似于小陶这样的“聪明人”有很多，他们自以为找到了赚钱的捷径、钻公司制度的空子，殊不知，凡事必有果报，不是不报，是时候未到。千万不要以为你的聪明是大智慧，真正的大智慧不是用在钻空子、找漏洞、满足一己私利上，而是致力于在法律和道德界限内为团队、为集体的发展和进步作出自己的贡献。试想，如果每个人都失去了奉献精神，如果每个人在团队中都千方百计地寻求个人的小利

益，那么他还有上升的空间吗？

上司所要的未必是那种聪明绝顶的人，因为聪明人很容易犯的一个错误就是把简单的问题复杂化，或者把复杂的问题简单化。要么把一件很简单的事情想得很复杂，要么总是想避开脚踏实地找到一个偷懒的捷径。上司想要的恰恰是踏踏实实的人，偷奸耍滑不是真本事，职场上的业绩也不是靠小聪明能长久维持的，所以真正的聪明人应该是那些从来不耍小聪明的人。

要知道做个被上司赏识的下属，并不是为了满足上司，而是为了个人的发展。一切小聪明都是对自己的不负责任，一个对自己都不负责任的人，上司又怎么能相信他会为公司带来价值呢？

6. 做个大智若愚的下属

装傻是一种气度，大智若愚是一种大智慧。

老子说过，“大象无形，大音稀声，大智若愚”，这不但是中华民族的传统美德，更是一个人成熟、睿智的标志。而《周易·上经》之《坤卦》篇：“六三，不显露、炫耀才华，固守柔顺之德，即使辅佐君王，亦不居功自傲，会有善终。”

这些古训告诉我们大智若愚才是人生大智慧，《三国演义》中有两个故事恰如其分地解释了“大智若愚”的职场含义。

诸葛恪，诸葛亮之兄诸葛瑾（字子瑜）长子，在幼年时期就初露锋芒。六岁时，诸葛恪随父亲诸葛瑾出席孙权举行的宴会，孙权见诸葛瑾面长，就想着捉弄下诸葛瑾找点乐子。于是令人牵一头驴来，用粉笔在驴面上书曰：“诸葛子瑜”。众皆大笑不已，诸葛恪不慌不忙地走上前，取粉笔在“诸葛子瑜”四字后面加上“之驴”，变成了“诸葛子瑜之驴”。满座之人，无不惊讶。孙权大喜，将驴赐给诸葛恪。诸葛恪的聪明，可见一斑。

又一日，孙权大宴群臣，命诸葛恪把盏斟酒。酒巡至张昭面前，张昭年老，不饮，曰：“此非养老之礼也。”孙权为考考诸葛恪的智慧，于是说：“汝能强子布饮乎?”诸葛恪领命，对张昭说：“昔姜尚父年九十，秉旄仗钺，未尝言老。今临阵之日，先生在后；饮酒之日，先生在前；何谓不养老？”一席话，说得张昭无以为答，只得强饮。

孙登曾骂诸葛恪，“诸葛元逊吃马粪”，诸葛恪回击道，“太子殿下吃鸡蛋”，孙权在一旁听到了，笑道，“他请你吃马粪，你请他吃鸡蛋，你不是吃亏了，这是为什么呀？”诸葛恪回答说，“因为这两样东西都是从同一个地方出来的。”孙权笑得前仰后合，

诸葛恪的聪明敏捷令人钦佩，不过，他的父亲诸葛瑾，却从儿子好显示自己的聪慧才智的个性中发生了忧虑，说：“恪，聪慧尽显于外，此子非保家之主也。”

果然诸葛恪当政之后飞扬跋扈、得罪同僚、威镇其主，招惹了杀身之祸患。

诸葛恪是一个教训，职场中，最常见的便是这种不把别人放在眼里，自以为聪明绝顶的人。而我们再反观三国时期，和诸葛恪有着亲属关系的、他的叔叔诸葛亮，则是我们学习的榜样。

诸葛亮号称三国第一谋士，时至今日，他的智慧仍为人称道，然而，诸葛亮在职场中最大的智慧，便是大智若愚。白帝城托孤时，刘备说：“君才十倍曹丕，必能安邦定国，终定大事。若嗣子可辅，则辅之；如其不才，君可自为成都之主。”

其实这意思很明确，我知道你诸葛亮雄才大略人缘好，而刘禅长坂坡摔傻了以后一直智力低下，你未必有耐心辅佐他，与其让你有谋反的心，不如我先说出来，当着这么多人的面，看你还好不好意思反。

果然，孔明听毕，汗流遍体，手足失措，泣拜于地曰：“臣安敢不竭股肱之力，尽忠贞之节，继之以死乎！”言讫，叩头流血。先主又请孔明坐于榻上，唤鲁王刘永、梁王刘理近前，吩咐曰：“尔等皆记朕言：

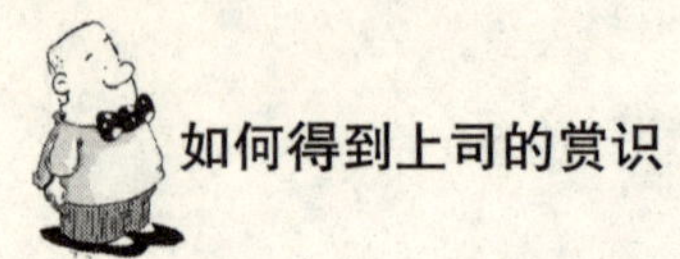

朕亡之后，尔兄弟三人，皆以父事丞相，不可怠慢。”言罢，遂命二王同拜孔明。二王拜毕，孔明曰：“臣虽肝脑涂地，安能报知遇之恩也！”

刘备再仁义，也不至于把国家让给诸葛亮，因此，在职场中，诸葛亮一方面行事谨慎，鞠躬尽瘁，一方面则常年征战在外，以防授人“挟天子”的把柄。而且他锋芒大有收敛，故意向上司显示自己老而无用，以免祸及自身，最终避免了与侄子诸葛恪同样的悲剧。

三国是一个人才辈出的年代，一部《三国演义》便是一本打遍天下无敌手的职场秘籍，在大智若愚方面，做得最好的便是刘备了。

当刘备还是曹操属下的时候，曹操便对这位下属充满了不信任。于是在一次饮酒中，操曰：“夫英雄者，胸怀大志，腹有良谋，有包藏宇宙之机，吞吐天地之志者也。”玄德曰：“谁能当之？”操以手指玄德，后自指，曰：“今天下英雄，惟使君与操耳！”玄德闻言，吃了一惊，手中所执匙箸，不觉落于地下。时正值天雨将至，雷声大作。玄德乃从容俯首拾箸曰：“一震之威，乃至于此。”操笑曰：“丈夫亦畏雷乎？”玄德曰：“圣人迅雷风烈必变，安得不畏？”

试想，如果不是刘备大智若愚的表现，一旦被曹操看穿了心思，何来以后的“三分天下有其一”？恐怕还没等到羽翼丰满，便已成曹操刀下之鬼。

三个人、三种职场风格、三种不同的人生。即便是在群雄纷争的三国，人们尚且知韬光养晦，在今天的职场中，我们怎么能忘记那些古典名著中一再强调的大智若愚呢？

现代职场中，上司喜欢的往往就是这种大智若愚的下属，大智若愚是一种境界，是低调，是不张扬。而我们很多人却总是忘记古人的教诲，凡事表现得过分张扬，切记，积极不是错，错的是缺乏智慧的张扬。

有的下属生怕被上司忽略，于是便在上司面前表现出上司不在时难有的积极。有人在上司布置工作时，还没等上司说完，他便会信心满满地说“明白、我知道”，其抢话能力远远大于其理解能力；有人在上司和大家讨论工作规划时，他会不经大脑脱口而出一些让人觉得不可思议的幼稚问题，而他却自以为见解高深洋洋自得；有人一旦取得成绩便一发不可收拾的傲慢无知，仿佛世界是他的……凡此种种自以为聪明的表现，其实便是大愚蠢，而非大智慧。

职场中，上司不需要这种浮夸的表象，需要的是切实可行的计划和脚踏实地的执行；上司不需要自鸣得意、自以为是的自我感觉良好，需要的是沉着低调、韬光养晦、善于管理自己的下属；上司不需要聪明却犯上的诸葛恪，而是需要懂得把自己放在正确的位置、做正确的事的诸葛亮。

六

表里如一
才能一往无前

1. 每个员工都是公司形象的代言人

美国一位总统的礼仪顾问威廉·索尔比这样说过：当你走进一个房间，即使房间里没人认识你，或者只是跟你有一面之缘，他们却可以从你的外表对你做出以下 10 个方面的推断：1. 经济水平，2. 受教育程度，3. 可信任程度，4. 社会地位，5. 个人品行，6. 成熟度，7. 家族经济地位，8. 家族社会地位，9. 家庭教养情况，10. 是否是成功人士。

在这个越来越现实的社会，一个人尤其是职场人士的形象将可能左右其职业生涯发展前景，甚至会直接影响到一个人的成败。据著名形象设计公司英国 CMB 对 300 名金融公司决策人的调查显示，成功的形象塑造是获得高职位的关键。

什么人什么打扮，喜欢京剧的人，只要角色一亮相，通过扮相便知道他是青衣还是老生，是丑角还是旦角，职场中亦然。虽然教科书上一再教导我们“人不可貌相、海水不可斗量”，但是你要明白，那些不需要被人“貌相”的人，大多是具备了与众不同的才能与地位。而对于普通人，正如赵本山所说“脑袋大脖子粗，不是大款就是伙夫”，人们对你的第一印象取决于你的外在形象。

在职场中亦然，很难相信一个衣冠楚楚的商界上司，会允许自己的部门出现一个头发蓬乱、满脸污垢、衣衫不整，还拖着两条鼻涕的下属。打开电视机，抛开那些已经不需要衣着包装的成功人士，哪一个职

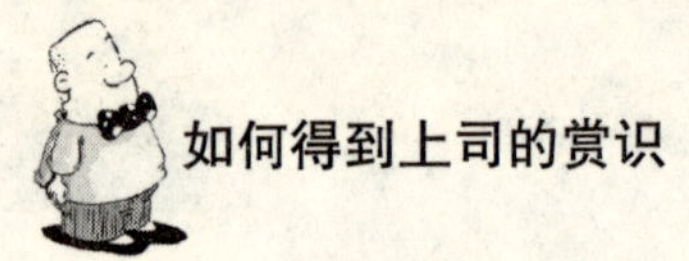

场中人不是职业化的打扮？

小张应聘到某单位任翻译官，他扎实的英语基础和流利的口语以及敏捷的反应能力深得上司赏识，可就是有一个问题，从面试那天到工作一个月后，小张从来就只穿一套西装。作为翻译，出席外事活动的机会比较多，职业形象是基本要求，可是小张的衣服都已经皱皱巴巴的了，他也没有换过。上司提醒了好几次让他注意形象，小张都置若罔闻，依旧我行我素。在他眼里，外在形象都是小事，只要工作做好了，比什么都强。终于有一次，在随着上司参加某外事活动时，小张因为衣冠不整被警卫拦在了门外。

这一拦，小张就再也没有走进过单位的大门。失去了翻译的上司在那次活动中毫无光彩，愤懑之下，上司回来之后就把小张炒了鱿鱼。

有一本书叫做《你的形象价值千万》，作者英格丽·张说：着装决定了你能在事业上走多远，好的着装能给你自信，同时告诉和你接触的人，你是一个值得信任的人，他们值得和你交往。

说到职业形象就不能不说职业女性的打扮，职业女性如今是职场中一道靓丽的风景线，很难想象如果一座办公楼里少了这道风景线，那些男士们能否创造出令人瞩目的业绩。

职场女性的打扮不但影响着同事的观感、客户的认知，也决定着自己在上司心目中的地位。你是否可以想象，如果是这样的职场女性出现在身边你会有何种感觉：头发染得五颜六色、眉毛画得像两条小毛毛虫、眼影搞得五彩缤纷、睫毛粘得像小鸟的翅膀、衣服不是低胸就是露脐……或者看前面是块布，后面一览无余的是块肉，内裤穿在外，丝袜当裤子穿，张嘴就是“囧、晕、擦……”等网络语言或者“这样子啊、

人家XXX……”之类的伪港台味。你会安心工作吗？想像一下，当你正在认真编程的时候，突然一阵刺鼻的香气袭来，紧接着，随着“这样子”声音的出现，一团白肉横在你面前，你是否会疑惑你是在办公室还是在其他什么不雅的地方？

在一项有关“你眼中的性感”的调查中，“让异性想入非非的打扮”只占9%的选择。低胸衣、迷你裙、夸张的饰物等，除了会影响周围同事工作时的专心程度外，更会使男上司怀疑你的工作能力。

有人会说工作做好就可以了，何必在意外在的打扮呢？可是你要明白，你的形象也代表了公司的形象，每一个员工都是公司的形象代言人。当客人踏入公司的那一刻，每一个职员的着装便是他对公司第一印象判断的依据。

外在形象还包括精神面貌，没有上司和同事愿意看到身边的同事整天无精打采的样子，因此尽量让自己每天看上去都精神饱满和充满自信。平时尽可能做到“站如松，坐如钟，行如风”。如果可以再多点微笑，那就会是更令人满意的职业形象了。还有一点比较容易忽视的是，让自己的办公桌时刻保持整洁，这样上司和同事一定会认为你在其他方面同样是有条理的，那么就会很放心地把事情交给你。

上司不会相信一个连自己都打理不明白的人能够打理好自己的工作，一个不注意自身形象的人又怎么能去维护公司的形象呢？

所以，上班穿着一定要整洁、得体、大方，要充满活力，要让自己的办公区域干净整洁，不要找一份文件翻腾半天。因为要想得到上司的赏识，首先就要在上司面前树立好的形象，个性可以追求，但千万不要追求社会否定的个性或者违反大众审美情趣的个性，那无异于自掘坟墓。

2. 不要让压力夺走你的生命

职场犹如不见血的战场，很多人都以冷漠作为战衣，装出高深莫测的样子来，遇见问题拒绝沟通，任由误会越来越深，最后两败俱伤。

冷漠似乎是当前职场的普遍现象，城市越大、楼越高、车越多，职场就越冷漠。这背后就是生存的压力，让大家逐渐关闭了心扉，不愿交流，而用冷漠包裹了自己。

一项调查显示，31%的人认为工作压力很大，59%的人认为压力较大，但自己还可以调节，7.5%的人认为压力较小，觉得压力过大喘不过气的只有0.8%，还有1.7%的人觉得根本没压力。

压力让人们之间逐渐陌生，因压力而导致的过度疲劳，也在侵蚀着职场精英的生命。

2004年11月7日，38岁的均瑶集团董事长王均瑶，因患肠癌医治无效在上海逝世；2004年4月8日晚，54岁的爱立信（中国）有限公司总裁杨迈由于连日超负荷的工作而猝死；2005年9月18日，网易代理首席执行官38岁的孙德棣辞世；2009年，央视《新闻联播》主持人罗京因病医治无效在北京逝世，终年48岁……

英年早逝的背后是外人无法感受的工作压力和日常超负荷工作，现在，工作压力对我们健康造成的危害，也许比过去任何时候都要严重。据《新世纪周刊》报道，中国约有70%的白领处于亚健康状态，几乎

所有的白领都承受着不同程度的职场压力。

如果生命都没了，上司的赏识还有意义吗？不少员工因为无法承受巨大的工作压力而产生消极情绪，表现出筋疲力尽、麻木、懈怠、失望，甚至选择离职。今天的工作环境常常把人们带入持续的紧张状态，而且这些压力需要人们或者反击或者躲避。

“白领”曾经是人们非常向往和崇尚的职业，不过“白领”背后是辛苦与焦虑，不少人都有心理障碍或抑郁性心理障碍，究其原因是白领人士的心理压力过重。尽管工作了几年，对工作与社会的适应也基本完成，自己不仅适应了工作的要求，也适应了工作的环境。但随着生活和工作节奏的加快，以及就业形式的日益严峻，总感觉自己应该做得更好一点，或者总是怀疑自己的能力已不能满足工作的要求。在太大的工作压力之下，人就很容易产生烦躁和倦怠。

除此之外，长时间在某一环境下工作之后，人们很容易成为技术娴熟的工作骨干，但日复一日地重复相同而琐碎的事务，就有一种被掏空了的感觉，自己无法左右自己的工作。再加上很少得到上级的表扬，或者经常得到不好的评价，这样就很容易会有一种无助感，从而导致工作情绪低落。

现在的社会是“压力的社会”，无论从事何种职业的工作人员均觉得工作压力在不断加大，很多职场人面对工作压力苦不堪言。工作倦怠时往往会出现这样的状况：连续好几天都无法顺利入眠，早晨也时常在恐惧中惊醒；心中仿佛有块沉重的大石头压着，时常对着天花板发呆，脑中一片空白；没有办法提起劲工作，而且觉得无所适从；对目前的工作产生极大的厌恶感，并对同事有不满情绪，有一种快被逼疯的感觉。

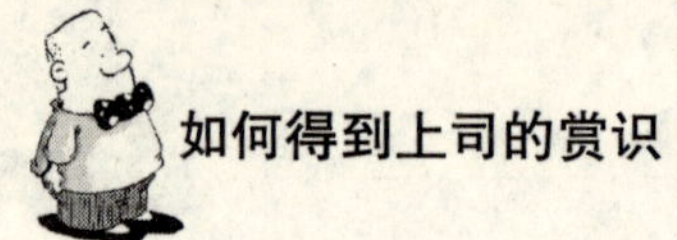

责任越大，压力越大，你上司的压力比你还要大。而你的工作就是为了分担上司的压力，如果你不能合理地消化来自工作的压力，那么你的生活也将成为一团乱麻。

既然工作是必须的，承受压力是不可避免的，那就不要人为地制造与堆积压力，要善于预防与管理压力，及时排解压力产生之源，将压力消除在可控制的范围之内，让自己轻松快乐地工作。

你可以把自己的得失与朋友倾诉，特别是在坏情绪降临心头时，找一位知心朋友随便聊聊天，聊天之后你的低落情绪就会不知不觉地被迅速消除掉。甚至，你可以准备一个日记本，把你的喜怒哀乐写出来。

只有通过合理的疏导，才能减轻你心中的压力，而只有轻装上阵，你才能走得更快，走得更远。

3. 与其抱怨不如检讨

若问一下身边的老总们，在他们的团队中最不喜欢听到的是什么，他很可能会很爽快地回答是“抱怨”。一旦有人可以替代你，或是不需要你了，把你裁掉就是他们最常用的手段。

几乎每个职场中人在遭遇困难、无法突破或者自我感觉学富五车却无处施展抱负时都曾怨天尤人。也许抱怨是排遣压力的方式之一，但是抱怨也是最差的减压方法，不但不利于压力的减轻，相反，抱怨会让一个人彻底丧失在职场中的竞争力。

抱怨让我们失去工作动力、心态消极、应付工作、得过且过，结果业绩出不来，还影响团队的士气。员工的这种抱怨在一定程度上体现了对企业忠诚度的缺乏。因为抱怨，很多员工抵不住更多机会的诱惑，或者不能承受企业暂时的困境，所以消极对抗或者跳槽。

经常会听到有人抱怨“薪水太低了”，其实这是上司最讨厌听到的也是最不应该抱怨的，因为薪水的高低与个人创造价值的大小以及能力是相匹配的，如果薪水低，那你就应该考虑自己到底创造了多少价值。

如果你觉得自己的薪水低于你创造的价值和自身的能力，与其抱怨，不如努力提升自己的能力，争取更大的发展平台。

有人抱怨“这什么破公司”，公司是由一个个员工组成的，你也是公司的一分子，如果公司破，你为何居于其中？任何一个好公司，都是一批好员工打造出来的，不要指望着依靠抱怨就能创造出想要的生活。

还有人抱怨“不是人干的活”，工作的过程就是克服困难的过程，如果凡事都一帆风顺，那也就没有了“人才”的概念。况且，“不是人干的活”这话本身就是在否定自己，因为无论如何你不是都要做下去吗？既然如此，少些抱怨多些努力吧。

这些不过是常见的抱怨罢了，如果你的工作真的一无是处，你何必委屈自己？大不了走人罢了。可你没有这样做，你还在委屈着自己，为什么？那至少说明你的工作还是值得你去付出的，至少你不必去面对外面轰轰烈烈的求职大军，至少不用担心下岗后的生活。

孟子说“天将降大任于斯人也，必先苦其心志，劳其筋骨，饿其体肤，空乏其身，行拂乱其所为，所以动心忍性，增益其所不能。”

如今的职场中，我们有谁愿意被苦心志、饿体肤？下班稍晚一点都会抱怨得不得了。事实上，在职场之中，当上级准备提拔下属或提供重大机会时，他一般会安排一些考察下级的活动或项目，而对这些考察，上级一般是不会明确告诉下属的，下属也很难知道这是上级在有意考察自己。但正是这种不明显的考察，会决定上级最终把机会给谁，而许多下属正是在稀里糊涂中就已经与这些机会擦肩而过了。

上司考察下属的手段也就是加大工作任务，增加工作难度。看起来这些似乎是不合情理的要求，其实是在观察下属的能力，同时也是为了树立下属在团队中的威信。可是有的人并不知情，也不买账，经常会在办公室中抱怨上司的不是。办公室里最忌说三道四、牢骚满腹。

发牢骚只会让人认为你承受能力差，而且可能会因为言辞间的冲动大意而授人以柄。不要说升职，甚至有可能下岗。只要你在组织里，就要学会理解上司，如果仅仅立足于抱怨上司，其实是对自己最大的伤

害，因为你此时在心里已经把情绪和工作混为一谈，带着情绪工作，其效果可想而知，这也不是一个职业化的职场中人所表现出来的职业精神。

世界上没有哪个人能得到周围人一致的认可，得不到所有人公正而正面的评价是难免的，即便如此，也请不要在办公室里抱怨。职场中每一个人都在承受着巨大的压力，不要让你的抱怨引发办公室抱怨的狂潮，也不要因为你的抱怨成为大家心理讨厌、疏远的对象。

与其怨天尤人，不如多检讨自己。

检讨是需要很大的勇气的事，很少有人能够客观地评价自己或认识自己，大多数人对自己的认识来源于别人的评价，尤其是正面的评价。比如别人说“你很聪明，你很能干”，你在心理上就会接受这样的概念“我很聪明，我很能干”，其实这未必是对方的真话。说的更明了一些，很多女孩自夸自己漂亮，其实她们中大多数人只能说不丑，如果你试探地问“谁说你漂亮的”，有的人就会告诉你“从小他们都说我漂亮”。事实上，很少有人会说实话，可是恭维的谎言说多了，也就成了她内心对自己的评价。人们宁愿接受虚伪的假象，也不愿意面对残酷的真实。

检讨是什么？检讨就是抛开别人对你作出的那些评价，重新认识自我。因为这个世界上没有谁比你更了解自己，只是你不想去认识一个真实的自己罢了。有人总是抱怨“这个世界上没人理解我”，这本身就是废话，不要期待着别人能真的探究到你的内心，一个人想伪装自己，很简单。而认识自我、检讨自己的不足是一件很残忍的事情，需要你剥开层层伪装，哪怕是看到自己鲜血淋淋也只能睁大了眼睛，这样才能看到你最真实的一面。

曾子说：“吾日三省吾身——为人谋而不忠乎？与朋友交而不信乎？

传不习乎?” 哲人尚且如此，何况我们呢? 检讨的目的是为了促进自己的进步，不是自暴自弃，也不是自虐自残，只有更好地认识自我，才能查漏补缺，才能更快、更稳地进步。

检讨需要直面别人的批评而不抱怨，这就需要更宽广的胸襟。

在工作中，检讨尤为重要。有人完成工作就万事大吉，甚至连成功的经验都不去总结，更不要说去检讨错误了，于是他的能力永远只能原地踏步。有人检讨了，但是却不去改正，于是便徘徊在错误中不能自拔。

抱怨是自暴自弃的开始，不如少一点抱怨、多一些自省，让自己更加完美，这样你才能从容应对职场考验。

4. 给自己一个坚定的目标

我曾经面试过一批应届毕业生，可能是因为我“OUT”了吧，每每我问到他们的职业理想或者生活梦想时，很多人都以一种奇怪的目光看着我，那眼神让我感觉自己仿佛来自外太空。

于是我知道这个问题不用问了，因为没人会回答实话，因为他们从未想过自己的职业理想。

后来，他们中那部分成为我单位职员的人说，从上大学开始，他们的理想只有一个——找个能养活自己的工作，仅此而已。至于其他理想，还没来得及去思考。

最近有个朋友跟我抱怨说，真不想上班了，因为最近公司事情少，所以觉得生活很空虚，都不知道在办公室坐着干嘛。

我告诉他，职场中悠闲的时候不多，这个时候应该趁机好好想想未来的规划，我们不可能停留在某个位置上原地踏步。只要活着，就要让每一天都有所学、有所获，要让自己朝着一个坚定的目标前进。

还有一个朋友告诉我，生活得浑浑噩噩，不知道自己明天会在哪里，会做什么，每天都在失业的恐慌中度过，甚至一度抑郁。

我想，这三种情况代表了大多数人的现状——缺乏职业理想，没有人生规划。

法国一位著名的自然学家费伯勒用一些被称作“宗教游行毛虫”

的小动物做了一次不同寻常的实验，这些毛虫喜欢盲目地追随着前边的一个，所以得了这么个名字。

费伯勒很仔细地将它们放在一个花盆外的框架上排成一圈，这样，领头的毛虫实际上就碰到了最后一只毛虫，完全形成了一个圆圈。在花盆中间，他放上松蜡，这是这种毛虫爱吃的食物。

这些毛虫开始围绕着花盆转圈。它们转了一圈又一圈，一小时又一小时，一天又一天，一晚又一晚。它们围绕着花盆转了整整七天七夜。最后，它们全都因饥饿、劳累而死。

一大堆食物就在离它们不到6英寸远的地方，它们却一个个都饿死了。原因无它，只是因为它们按照以往习惯的方式去盲目地行动。

而很多人之所以失败就是因为没有目标，就像一艘轮船没有舵一样，只能随波逐流，无法掌握方向，最终搁浅在绝望、失败、消沉的海滩上。

很多人游离于梦想与现实之间，曾有过的梦想逐渐被现实所磨灭，日子久了逐渐变成了失去灵魂的僵尸，麻木地行走在钢筋混凝土铸就的城市中。虽然看似都在上班，都在忙碌，其实日子不过是日复一日的重复罢了，每一天都没有新意，每一天都缺少惊喜。

有人说，理想比不过利益，可是，理想与利益并不冲突。

当一个人没有职业理想时，他如何规划自己的未来？如何着手提升自己的能力？所有的伟大愿景，都是不切实际的，而伟人和平凡者的区别就在于，平凡人只把理想当梦，压根没准备去实现。而伟人从一开始就将梦想作为奋斗目标，他们毕生都在为这个努力，最终无论能否实现，他们都向着自己的理想迈出过步子。

职场中浑浑噩噩没有目标的人是得不到上司的赏识的，上司需要的

是那种既能低头拉车又能抬头看路的人。之所以上司制定战略，下属执行战略，是因为上司能把职业理想规划于战略当中，并能指挥下属向前冲，实现战略的同时，也意味着实现了上司的某个或某阶段的职业理想。

而上司需要与之有着同样职业理想的人，那种只知道拉车的人，如何能辨明方向达成目标呢？只有与上司保持步调一致，才能在实现公司战略的同时，实现自我价值。只有制定了长期的职业规划，有了职业理想，才能为实现它去不断完善自我，去提升自我，生活也会更加充实。同时随着能力的提升，自然也就没有了失业的恐慌，因为当你是个人才的时候，就是你去选择公司，而不是公司选择你。也只有那个时候，你才能承担更大的责任，才能得到上司的认可，他才能放心地给你更大的发展平台。

李开复说过：在人生的旅途中，你是自己唯一的船长，千万不要让别人驾驭你的生命之舟，而要坐在舵手的位置上，决定自己何去何从。

因此，与其恐慌无助，不如让自己变得更强大。

5. 上司需要的是战士不是隐士

中组部在2008年下发的《关于在抗震救灾中进一步发挥各级党组织战斗堡垒作用、各级领导干部模范带头作用和广大共产党员先锋模范作用的通知》中这样说：

要进一步发挥党员领导干部的模范带头作用，做带领群众抗震救灾的主心骨。这场特大地震灾害，是对党员领导干部最现实最直接的考验。各级党员领导干部要深入抗震救灾第一线，挺身而出，身先士卒，靠前指挥，做到在所有灾区特别是灾情最严重的地方、受灾群众最集中的地方、抗灾困难最大的地方，都要能看到领导干部的身影，听到领导干部的声音。各级领导干部要做组织抗震救灾的带头人，做完成急难险重任务的带头人，做帮助受灾群众解决困难的带头人，做维护灾区社会稳定的带头人。各级组织部门要在抗震救灾中考验考察干部，把领导干部在这次抗震救灾和灾后重建中的表现，作为干部任用奖惩的重要依据。对抗震救灾中表现突出的，要大胆提拔使用；对工作不力的，要及时调整；对擅离职守、失职渎职的，要严肃追究责任。

如果说战争年代我们需要的是冲锋在前、不畏牺牲的壮士，那么在和平年代，我们同样需要“挺身而出，身先士卒”的战士。这是我党

的一贯宗旨，也是我党在那么艰苦的情况下，从二万五千里长征发展到今天，带领中国人民逐渐走向现代化道路的不二法宝。

如果说商场如战场、职场如战场，那么上司需要的同样也是能创造奇迹、能扛得起重任、担得起责任的下属，而不是听说有任务就逃跑的下属。

可是在职场中，总会有这样一种下属：当上司分配工作时，当上司让加班时，便面露不悦，时刻酝酿着借口。甚至有人因为害怕承担责任和接受看似无法完成的任务，找出各种理由来逃避。

这样的人，将永远停留在某个位置上，无法前进，甚至还会后退。因为没有追求，所以失去了前进的动力，自然难以得到上司的赏识。

还有一种人，似乎是单位的隐士、大师，公司所有的事情都与他无关，他不参加集体讨论，也不参加集体活动，永远安安静静地偏安一隅，与世无争。

笔者所在的单位就曾经有这样的一位女孩，她每天上班的工作就是上网、聊天、浏览花边新闻，看看谁家的猫上树了，哪里的井盖被盗了，哪个明星被潜规则了。在这方面，她是单位绝对的权威，但是在工作时，她就是一个隐士，只要上司不安排，那她就待着，即便上司安排了，她也会以各种理由拖延、推脱，甚至当成耳旁风。诚然这是机关制度的弊端，然而她却因此也将自己放在了一个与他人差距逐渐拉大的位置上。

两年之后，与她同期进入单位的同事，已经逐渐被提拔起来，而她却仿佛被遗忘一般仍然蹲在那个角落中，做个隐士。

也许有人说，每个人的追求不一样，她这样不是也很好吗？可是没有哪个上司愿意自己有一个超脱于工作之外、严重失职的隐士，上司亲自找她谈话，以不想浪费她的青春为名，将其劝退。其实这是给了她最后的尊严罢了。

而她，丢掉了这份工作又能做什么呢？在她的简历上，一片空白，没有任何有竞争力的工作经验。于是她的日子逐渐难熬起来，只能匆匆找个男人嫁了，就此浑浑噩噩地过一生。

在公司里，一个萝卜一个坑，每个人都有自己的位置，每个人的位置都需承担相应的职责。而上司更需要的不是那个只是安于完成分内之事的人，而是那种能够更多地承担责任的人，只有这样的人才能得到上司的重用。千万不要以为前台的工作很悠闲，如果个人能力没有提升，青春逝去，前台工作不保，又能做些什么呢？得到的是短暂的悠闲，换来的是一辈子的忧伤，值得吗？

上司给下属提供一个看似完不成的任务，其实也是给了下属一个提升自我、展示自我、挑战自我的平台。要不然你通过什么方式来展现自己与众不同的能力？你靠什么获得上司的赏识？

上司的理想通过下属的努力来实现，上司需要下属来实现业绩……这些都是再正常不过的事情，正因如此，职场才需要下属。如果你因此而愤愤不平，那你可以自己开公司雇用别人啊，到时候你不是一样得这样要求员工吗？

苏轼在《留侯论》中说：“古之所谓豪杰之士者，必有过人之节。人情有所不能忍者，匹夫见辱，拔剑而起，挺身而斗，此不足为勇也。天下有大勇者，卒然临之而不惊，无故加之而不怒。此其所挟持者甚大，而其志甚远也。”

因为上司需要的是战士，因为你需要通过战士的责任来实现自我价值，所以要迎难而上，这个道理并不复杂，但是却需要你全心、安心地去实践。

如果你不喜欢负责，慢慢你会发现本该属于你的往往最后都归别人了。

所以不要去抱怨上司对你的要求，当你还是下属的时候，你需要努力向前冲。这样你才能得到你应有的，你才能拥有属于你的东西。

6. 有自信才能创造奇迹

有的员工在上司交代下来任务后，总会心生不安，“我能做好这件事吗？我能承担起这份责任吗？”

这种缺乏自信的心理是导致失败的前兆，因为缺乏自信便会瞻前顾后、优柔寡断、错失良机，从而无法圆满完成任务。

缺乏自信的根源就在于自我设限。

跳蚤试验我们都知道：

往一个玻璃杯里放进一只跳蚤，发现跳蚤立即轻易地跳了出来。又重复几遍，结果还是一样。根据测试，跳蚤跳的高度一般可达它身体的400倍以上，于是跳蚤成为动物界的跳高冠军。接下来科学家再次把这只跳蚤放进杯子里，不过这次放进后立即在杯子上加一个玻璃盖。“嘣”的一声，跳蚤跳起来后重重地撞在玻璃盖上。跳蚤十分困惑，但它不会停下来，因为跳蚤的生活方式就是跳。一次次跳起，一次次被撞，跳蚤开始变得聪明起来了，它开始根据盖子的高度来调整自己所跳的高度。后来，这只跳蚤再也没有撞击到这个盖子，而是在盖子下面自由地跳动。一天后，科学家开始把这个盖子轻轻拿掉，跳蚤不知道盖子已经去掉了，它还在原来的这个高度继续地跳。三天以后，这只跳蚤还在那里跳。一周以后，这只可怜的跳蚤还在没有盖的玻璃杯里不停地跳着。

这个就是自我设限，当一个人总是怀疑自己的能力时，就不知不觉地把自己固定在某个位置上，事实上，在经过一段时间的工作历练后，人的工作能力大同小异，如果给你一个位置，给你一个舞台，你未必比别人差。

你缺少的可能就是一个机遇，所以你需要通过自己的努力构造一个平台，去向上跳跃抓住机遇。因为机遇往往就在离你三尺高的地方飞来飞去，抬起头，你就能看见，才有机会抓到。总是低着头，你怎么能抓得住？

而自信，则是抓住机遇的前提。

美国作家爱默生说过：“自信是成功的第一秘诀。”培根也曾经说过：“人生最重要的才能，第一是无所畏惧，第二是无所畏惧，第三还是无所畏惧。”

自信是一种十分可贵的品质，是一种永不言败的决心。工作中的自信往往是你克服困难、取得成绩的法宝。一个在工作中自信满满的人，往往对自己的能力有清醒的认识、对事情的发展能全盘掌握。

而没有自信的人，往往不敢面对失败，总是不由自主地选择逃避，只会盯着自己的缺点和失败，因此也难以有所成就。俗话说“现实中的恐惧，远比不上想象中的恐惧那么可怕”所以我们要有敢于面对挑战面对失败的勇气，对生活对工作都充满自信。

有的人明明心中有工作思路，但却总是害怕说错，不敢在上司面前表现出来。害怕犯错就是不自信的表现之一。一件事，你不去做，怎么知道是对还是错？一个建议，你不说出来，怎么知道上司是否采纳？如果在工作中，你先把自己给否定了，又怎么能期待别人的认可呢？

有这样两则小故事，准确地表达出了自信与不自信两种心态所造成的截然不同的结局。

小泽征尔是世界著名的交响乐指挥家。在一次世界优秀指挥家大赛的决赛中，他按照评委会给的乐谱指挥演奏，发现了不和谐的声音。起初，他以为是乐队演奏出了错误，就停下来重新演奏，但还是不对。他觉得是乐谱有问题。这时，在场的作曲家和权威人士坚持说乐谱绝对没有问题，是他错了。面对一大批音乐大师和权威人士，他思考再三，最后斩钉截铁地大声说："不！一定是乐谱错了！"话音刚落，评委席上的评委们立即站起来，报以热烈的掌声，祝贺他大赛夺冠。

原来，这是评委们精心设计的"圈套"，以此来检验指挥家在发现乐谱错误并遭到权威人士"否定"的情况下，能否坚持自己的主张。小泽征尔的自信使他摘取了世界指挥家大赛的桂冠。

不自信则会产生相反的效果。

尼克松是我们极为熟悉的美国总统，但就是这样一个大人物，却因为一个缺乏自信的错误而毁掉了自己的政治前程。1972 年，尼克松想要竞选连任。由于他在第一任期内政绩斐然，所以大多数政治评论家都预测尼克松将以绝对优势获得胜利。然而，尼克松本人却很不自信，他走不出过去几次失败的心理阴影，极度担心再次失败。在这种潜意识的驱使下，他鬼使神差地干出了令自己后悔终生的蠢事。他指派手下的人潜入竞选对手总部的水门饭店，在对手的办公室里安装了窃听器。事发之后，他又连连阻止调查，推卸责任，在选举胜利后不久便被迫辞职。本来稳操胜券的尼克松，因缺乏自信而导致惨败。

自信是自卑的反义词，也与自傲相差甚远。自信是一种内在与外在高度统一的表现，亦是一种从举手投足间散发出来的魅力。自信的外表是一种首先可以让自己满意的形象，其次是让他人可以接受和认同的形象。

如果光有外在的自信，就会被看做是一种虚张的声势，如果光有内在的自信，就会失去自信的优势，甚至被成功忽略。职场的自信心来自两个方面，一方面来自内在的知识、理想和人生体验的积累；另一方面来自外在的得体、自如的表现。真正的自信心是一种坚定必胜的信念，也是一种完美无缺的形象再现。

上司在交代工作时，所希望看到的是属下自信满满地接受，而不是唯唯诺诺地缺少生气，当你自信地说出“我能行”时，成功已经开始向你招手。

七

下属也要有上司心态

1. 把工作当成事业而非负担

下属如果只是把自己当成下属，那么他只能是个下属。拿破仑那句“不想当将军的士兵不是好士兵”虽然已经被人们说滥了，然而并不是所有的人都能认识到这句话中所蕴藏的深刻含义。

想当将军的士兵一定是个有着主人翁精神的士兵，一个一心钻营着向上爬的士兵一定无法成为将军。士兵之所以成为将军，是因为当他是个士兵的时候，便有了将军的理想，积累了将军的能力，做好了承担作为一个将军应该承担的责任的准备。

下属亦然，且问那些每天抱怨上司的下属，有谁不希望有朝一日也成为上司？可是，如果你成为上司的目的仅仅是为了风光、地位，那你是做不成上司的，即便被提拔成了上司，也会很快掉下来。

中国历史上，有多少人想当皇帝？这个梦想比士兵想当将军还要宏大，于是一批批的农民起义家打着为农民谋福祉的旗号，揭竿而起，有的人成功了，有的人失败了。纵观那些失败的案例，无一不是因为梦想的错位，无一不是在稍有成功后便丧失了进取心，无论是李自成还是洪秀全，都是因此而惨遭失败。

若问原因，只有一个，那就是缺乏主人翁精神。他们只是为个人的享乐而努力，并不是为了大家的幸福而拼搏，所以李自成进京后便失去了原来艰苦朴素的风格，所以洪秀全在微不足道的成就面前开始享受天

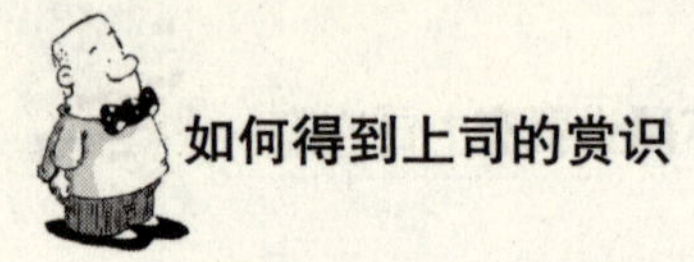

王的生活。

职场中，没有人情愿安于现状，没有人希望永远身在最底层。每个人或大或小都希望自己有个头衔、有顶官帽。可是与之相矛盾的是，很多人都希望不劳而获，都希望天上掉馅饼的好事落在自己头上。

客观上讲，员工与单位之间是雇佣关系，是多劳多得、少劳少得的关系，是最直接的按劳分配，因此，即便是员工“斤斤计较”个人利益也无可厚非，然而，需要注意的是，一个只会斤斤计较蝇头小利缺乏主人翁精神的员工，他永远只能处于“斤斤计较”的位置。

主人翁精神，不仅仅是与公司同成长、同命运，还指我们的心态要有所调整，要从打工者变成合作者。把公司的事业当成自己的事业并不是一句空话，工作不是你用来实现梦想的手段吗？没有工作何谈生存？没有工作价值从哪里体现？如果连一个下属都做不好，又怎么能做好一个上司呢？

因此具有主人翁意识并非“愚民”的手段，只有当你把工作当成自己的事业来做的时候，你才能尽心尽力、全力以赴，也只有具备了这样的心态，才能不断地在工作中提升自己，不断积累人脉，不断克服困难，才能有着普通下属不具备的成就感——因为那是你的事业。

所以，不要把自己当成一个普通的打工者，“打工”这个词事实上是一个把人直接划分为不平等状态的词，如果你内心中认可了你是个打工者，你又怎么能以对自己负责的态度去对工作负责呢？

在现代管理体制中，很多公司给予员工以期权、股份，其目的便是增强员工的归属感，给员工以与公司共进退的心理暗示。

只有当一个人具备把工作当成自己的事业的品质，才能与上司保持相同的心态，才能从更为宏观的角度上看问题。如果你能够站在上一级上司的角度去思考问题，那么或许你就是接替上级的最佳人选，因为在你正式上任之前，已经站在这个职位上去思考问题，甚至承担这个职位的某些职责了。同样，如果能够经常站在公司的角度上思考问题，那么同样做一项工作，你的工作结果一定比其他人更到位，你的表现会更出色，因为你不仅仅是关注自身的绩效结果，而是在关注这项工作对整个公司的价值意义。

而有的人把工作当成负担，敷衍塞责，麻木不仁，应付了事，人虽在岗位上，而心早已飞到九霄云外去了。这不仅仅是对公司资源的极大浪费，也是对自己最大的不负责任。

人的一生中，能努力拼搏的年头不过30年的时间，而30年中除去那些自命不凡、毛手毛脚的青春期和失去斗志、一心求稳的沉沦期外，我们能够奋斗的年头屈指可数。翻开招聘广告，如今有多少公司在招聘时已经注明了35周岁的年龄限制。如果你在最具战斗精神的35岁之前都浑浑噩噩地过日子，如果你只是一心想着抓住青春的尾巴尽情享乐，逃避责任，当你的青春逝去，你该怎么办？

把工作当成事业是对自己最大的负责，只有当你以主人翁的意识积极参与到工作中来时，你的聪明才智和勤奋刻苦才能为上司所赏识，也只有这样，你才能拥有更加广阔的舞台，才能把自己的事业做得更大。

把工作当成事业的人，日积月累，深钻细研，就会在平凡的岗位上做出不平凡的业绩。不把工作当回事的人，整日昏昏沉沉，迷迷糊糊，日久天长自然也就落伍了。

所以，我们每个人都要有主人翁意识，而不是单纯的打工意识。

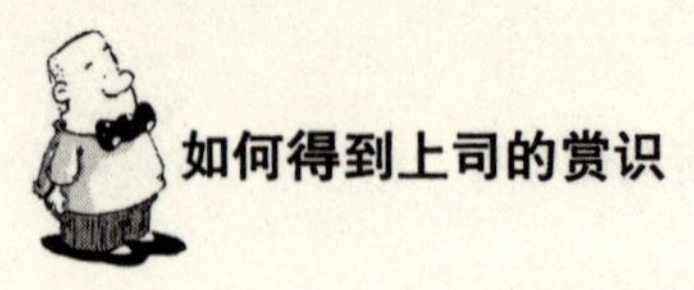

2. 报酬不是工作的全部所得

诚然，工作的目的就是为了赚钱，谋生的手段是工作的基本概念，如果一份工作不能满足你的基本生活需求，那么工作也就失去了它应有的作用。

可是，如果你只是把工作看做是为了获取金钱上的满足，那就大错特错了。

一位心理学家在一项研究中，为了实地了解人们对于同一份工作在心理上所反映出来的个体差异，来到一所正在建筑中的大教堂，对现场忙碌的敲石工人进行访问。

心理学家问他遇到的第一位工人："请问您在做什么？"

工人没好气地回答："在做什么？你没看到吗？我正在用这个重得要命的铁锤，来敲碎这些该死的石头。而这些石头又特别的硬，害得我的手酸麻不已，这真不是人干的工作。"

心理学家又找到第二位工人："请问您在做什么？"

第二位工人无奈地答道："为了每天50美元的工资，我才会做这件工作，若不是为了一家人的温饱，谁愿意干这份敲石头的粗活？"

心理学家问第三位工人："请问您在做什么？"

第三位工人眼光中闪烁着喜悦的神采："我正参与兴建这座雄伟华丽的大教堂。落成之后，这里可以容纳许多人来做礼拜。虽然敲石头的工作并不轻松，但当我想到，将来会有无数的人来到这儿，在这里接受上帝的爱，心中就会激动不已，也就不感到劳累了。”

同样的工作，同样的环境，却有如此截然不同的感受。前两个感受到的是工作的劳累，第三个感受到的是工作的乐趣和金钱报酬以外的回报。

比尔·盖茨的财产净值大约是466亿美元。如果他和他太太每年用掉一亿美元，他们要466年才能用完这些钱——这还没有计算这笔巨款带来的巨大利息，那他为什么还要每天工作？

获得金钱上的满足并不是工作的全部，尤其当你还只是一个普通下属的时候，千万不要把目光锁定在眼前利益上，那将会蒙住你的双眼，让你看不到更加广阔的未来。

职场中有两种人，一种人是给多少钱，干多少活，从来不会超出自己的能力去免费为公司创造额外的价值；另外一种人是不计眼前利益，善于发挥主观能动性，不断地突破自我，不断为公司创造那些看似本不是他应该做的事情。

笔者所在单位便有这样一个人，凡事利字当头，每当上司要求加班完成某件事时，他首先想到的便是占用了他的休息时间，便是上司如何补偿他。当他有这样的想法时，难免会面露不悦，难免会在行为上表现出来。当一个人带着对抗情绪去完成工作时，所作出的结果必然是不完美的。

没有几次，上司便失去了信心，即便有事，也不再找他完成，而他也乐得清闲。而相反的，另外一个主动承担工作，完美地完成上司交代任务的同事，很快便成为上司身边不可或缺的左膀右臂，不但获得了上司的赏识，得到了职位上的提升，也收获了他应有的职务报酬。现在，

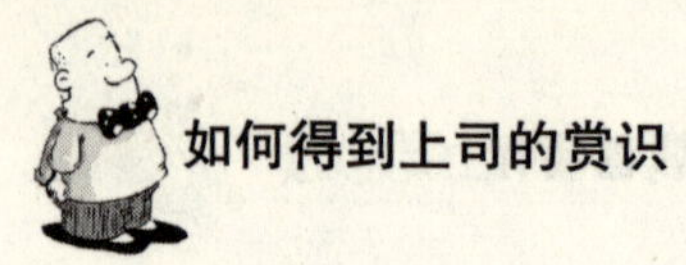

即便是第一位同事再怎么加班，也不会得到这个机会，也不会让自己的报酬有多大的提高，更不可能得到上司的赏识。

也就是从这个时候开始，他们的距离拉开了。当第二个不断地突破自我，成为独当一面的上司时，第一位同事依然原地踏步，依然在为赚钱而工作，却依然赚不到钱。

所以，赚钱不是错，错的是你只为了赚钱而工作。任何一项工作的本身都蕴含着无限的机遇，有的人就能把握住这个机遇，有的人则毫无建树。

在众多“北漂”中，曾经有这样一个人，初中学历，没有任何技能，从他来北京的第一天起就面临着生存的危机。他不得不去建筑工地做小工，在这个圈子里的多数人都是在为了赚钱而赚钱，为了赚钱而奔命，他们每天只想着一件事——干活。而他不一样，他并不在乎眼前赚多少，而是在乎以后干什么。于是微薄的工资都被他用来买书，学习平面设计等技能。蛰伏的一年是痛苦的一年，当别人都拖着疲惫的身躯进入梦乡时，他还在培训班的课堂上练习 PHOTOSHOP；当别人把有限的休息时间用来打牌时，他还在机房提升技术；当别人算计这个月能赚多少钱时，他还在考虑自己是不是应该再报个学习班。

一年的时间，很快过去，当那些工友们还在工地上算计着搬一块砖赚多少钱时，他已经离开工地进入了一家平面设计公司。

在公司中，他主动要求承担更多的设计任务，主动去参与那些超出他能力范围的工作。他从不考虑上司是不是能给他加班费，他想的是利用参与这样工作的机会，让自己所学的知识更加巩固，能让自己的能力在实践中得到更大的提升。

无论是上司还是同事，都折服于他的这种向上的精神，上司有意把更多的机会给了他，让他更多的承担工作责任。而他内心不是想着上司是不是该加工钱，而是抱着感恩的心态，对于这种来之不易的机会非常珍惜。

有人问他，你工作不为了赚钱为了什么？

他纠正说，我也是为了赚钱，但不是为了赚眼前的小钱，是为了赚以后的大钱，而赚大钱需要有相应的能力，现在正是积累的时候。

时间又过了一年，当年那些工友们依然在工地上汗流浃背的赚一千多的工资时，他已经坐在宽敞的办公室里轻松地拿着几倍于工友们的工资。而这，对他来说，还只是个开始，他从未想过追求会有尽头，他始终抱着不断提升自己的心态去工作，于是他反倒一次次超越了那些原本比他强的人。

如今，他已经成为京城某广告设计公司的老总，可他依然没有停止过追求的脚步。

这是一个真实的故事，而这样的故事在北京每天都在发生。

一个成熟的职场中人，不能只是想着为钱而工作，那样反而会失去更多的赚钱机会。

3. 严于律己，不要放松对自己的要求

“严于律己、宽以待人”是我国古老的传统。严格要求自己在今天应该被赋予更深的含义。这是一个充满了诱惑的年代，城市中的灯红酒绿让无数人难免会迷失方向，找不到归途，放纵也罢，颓废也好，都是对自己极大的不负责任。严于律己，则是让我们远离诱惑，少些牢骚，杜绝借口，只有这样，你才能获得别人的赞赏，才能争取更多的发展机会，才能看着别人发牢骚，而你平步青云。

无论是在工作中还是在生活中，我们经常能听到这样的声音，“不是我的错、这事与我无关、都是他干的”，这种推卸责任的行为，不但是对别人的伤害，也是对自己极大的不负责任。这都是因为对自己的放松，放松了自己的做人标准，就会铸成大错。

严于律己在职场中，应该是这样的：

一、绝对不做道德和法律范围以外的事情

有的人控制不住自己的欲望，经常会做出法律许可以外的事，尤其是在金钱上。切记“勿以善小而不为，勿以恶小而为之”，任何一丁点对自己的放松，都会铸成大错。正如迟志强的那首脍炙人口的《小生命》中所唱的，“今天他偷了一块砖，明天他把墙扒”，千万不要有侥幸心理，不要利用制度上的漏洞去耍小聪明，法网恢恢疏而不漏，一切罪恶终有报，不要因为一时的贪念，放松对自己的要求。不然毁掉的不仅是自己的前途，还有家人的幸福。

二、恪尽职守，兢兢业业

有人总是在工作中寻找捷径，这要从两方面来看，如果是出于提升工作效率的初衷，自然值得提倡。但如果是为了给自己偷懒找一个理由，那就是大错特错了。偷懒就容易疏忽，疏忽往往铸就大错，而疏忽则是对自己要求不严格所导致的后果。每一次安全事故的发生往往都是一时疏忽、玩忽职守造成的恶果。所以不要抱着侥幸的心理，一定要认真对待工作的每一个环节。上司不会喜欢那种毛手毛脚的人，而是更欣赏兢兢业业如履薄冰的下属。

三、不要轻易原谅自己的错误

有的人很善于自我原谅，一旦犯了错误，首先想到的不是反省，而是原谅自己，随后便是寻找借口推卸责任。知错就改不算错，知错不改错中错，犯错误是每个人都会有的事情，关键在于反省、改正，而不在于找借口，更不能轻易原谅自己。只有深刻地认识到错误，才能不在同一个地方跌倒两次。上司会给每个人犯错误的机会，但不会允许同一个人在同一个问题上接连犯错。

四、不放肆、不放纵

有的人稍微取得点成就就会变得飘飘然，以为老子天下第一，从此目中无人。这类人不会有大发展，职场中没有最好，只有更好，长江后浪推前浪，你没准儿某一天就会被人超越，更何况骄傲使人落后呢？当你开始狂妄的时候，你就已经开始退步。没有哪个上司喜欢这种洋洋自得、自以为是的下属，也没有哪个下属喜欢这样的上司，失去了上下两个基础，你怎么能有更大的发展？

五、控制自己的欲望

欲望这个东西也具有两面性，一面它激励着人们追求得不到的东西，激发人们的创造性，另一面则是贪婪地索取。欲望是人类前进的动力，也是自我毁灭的开始。尤其是要懂得不要无限制地向上司索取权利，上司可以主动授权给你，却不喜欢你讨价还价，所以不要冒这个风险。

这是在现代职场中，一个好下属在严于律己方面必须做到的五点，除此之外还有许多的条条框框。也许会有人说，人活着应该追求自由，怎么能有这么多的限制？

但是，首先要明白，一切自由都是在某种游戏规则之内的自由，都是在道德和法律许可范围内的自由。脱离了游戏规则，那就叫出轨，出轨的自由你要吗？你承担得起那后果吗？不要为了贪图一时的痛快而失去相对自由的权利。

人生是个精彩的大舞台，公司是个小舞台，如果在一个小小的舞台上，你都不是一个好演员，那还谈什么在大舞台上施展才华？只有在这小小的舞台上，你练就了自己的真本领，只要你的心中有奋斗目标，脚下踏实走路，社会的大舞台上，你必定是一个耀眼的明星！

4. 站对位置，尽好本分

孔子讲“在其位，谋其政”，“做好分内之事”关键在于给自己定好位，看清自己的能力与权限，收获属于自己的成就。而有的人常常越位，其实是打着积极进取的幌子，追求过多欲望。所谓无欲则刚，做好本分，就能活得轻松。

有的员工长期在上司身边工作，深得上司的信任。这样的员工容易产生错觉，以为深受重用就消除了与上司之间的界线，从而不自觉地站在上司的位置上，替上司做起主来。虽然这类员工的出发点是好的，是为上司分忧，也是为了维护公司的利益，但即使他做对了，上司心里也不会舒服，更不会接受这样的事情，因为作决定的是上司，而员工不过是一个执行者。

杨修是曹操手下的谋臣，而杨氏家族则是东汉名门，声名显赫。史书记载，“自震（杨震）至彪（杨彪），四世太尉”，当时可以媲美杨家的只有“四世三公”的袁氏家族。杨修才思敏捷，聪颖过人，上知天文，下通地理，博学多才，能说会道，是曹操手下一个不可多得的谋士。但恰恰是其越位的行为，招致了杀身之祸。

《杨修之死》就曾记载：原来杨修为人恃才放旷，数犯曹操之忌：操尝造花园一所；造成，操往观之，不置褒贬，只取笔于门上书一“活”字而去。人皆不晓其意。修曰：“门内添活字，乃阔字也。丞相嫌园门阔耳。”于是再筑墙围，改造停当，又请操观之。操大喜，问曰：“谁知吾意?”左右曰：“杨修也。”操虽称美，心甚忌之。

又一日，塞北送酥一盒至。操自写“一合酥”三字于盒上，置之案头。修入见之，竟取匙与众分食讫。操问其故，修答曰：“盒上明书一人一口酥，岂敢违丞相之命乎?”操虽喜笑，而心恶之。

如果说在“阔门事件”和“一盒酥”事件中，杨修的越位行为只是引起了上司曹操的嫉妒，那么在“鸡肋事件”中，杨修则是犯了职场大忌——越俎代庖。

《后汉书》中记载：“及操自平汉中，欲因讨刘备而不得进，欲守之又难为功，护军不知进止何依。操于是出教，唯曰：‘鸡肋’而已。外曹莫能晓，修独曰：‘夫鸡肋，食之则无所得，弃之则如可惜，公归计决矣。’乃令外白稍严，操于此回师。修之几决，多有此类。修又尝出行，筹操有问外事，乃逆为答记，敕守舍儿：‘若有令出，依次通之。’既而果然。如是者三，操怪其速，使廉之，知状，于此忌修。且以袁术之甥，虑为后患，遂因事杀之。”

可见，杨修自作聪明地越过曹操、揣测上司意图、散布负面信息，最终给了曹操杀他的借口。

作为企业里的一员，无论居于哪个位置，我们的角色首先都是贯彻执行者，对自己的职务、职权、职责负责，在任何情况下，先做好自己的本分工作。而不能像杨修那样聪明才智尽显于外，总是不管单位中的什么事情，也不管上司意图，凡事都替上司做主、替同事做主。

有人在职场中与上司私交密切，甚至称兄道弟，他便以为自己可以在工作上越俎代庖、为所欲为。可是要知道，即便上司是你的朋友，那也是工作以外的事情，在工作时间内，上司代表着权利和威严，如果你未经许可，利用与上司的私交滥用权利，你觉得你的上司朋友可能会宽恕你吗？

在官场中，上下级关系尤为明确，千万不要以处长的身份去行使司长的职权，也不要越过你的顶头上司去和上司的上司沟通问题，这样就犯了大忌讳。不论遇到什么问题，多请示、多汇报，及时向上司反映你的工作进展，随时取得上司的支持，这才能保证你的仕途平稳向前。

所以，在工作中，无论你与上司的关系多么亲密，无论你的看法多么正确，你也不要逾越和上司之间的界线，上司决定的事情，你就要无条件地执行。有些场合，如与客人应酬、参加宴会，也应适当突出上司。有的人作为下属，张罗得过于积极，比如同客人认识，便抢先上前打招呼，不管上司在不在场。这样显示自己太多，显示上司不够，往往让上司不高兴。

在单位里，努力工作，适当地表现自己，最大限度地得到上司和同事的认可，是必须的，在论功行赏时应展现一个新人的宽广胸怀，赢得职场人缘。任何上司都讨厌自己的下属居功自傲，擅做主张，更没有人能忍受自己的下属对自己指手画脚。

尤其需要注意的是，在讨论问题时，千万不要忘记自己所在的位置，因为自己有了好主意、自我感觉良好，便对同一级别同事指手画脚，要知道你自我感觉良好的事情，别人未必认可，而且离开了同事的配合，无论多么美好的计划都很难实现。

权责是个框架，有些人非要做超出自己权限范围之外的事，却因为种种无法掌控的客观条件与变数而受挫，造成心理压力过大，反而徒增烦恼。

无论你在公司多么有位置，多么有空间，但你心里始终要有一杆秤，在称别人的同时也随时称自己，告诫自己无论任何时候一定要低调内敛，不要太张扬，给上司献计献策时要讲究方式方法，不要让上司感觉你比他还聪明睿智，不要恃才而骄。

要知道安守本分。所谓“本分”也就是本职工作。只有做好了自己的事，才有资格品评别人做的事；只有尽到了应尽的责任，才有可能被赋予更多的责任；只有做好了分内的事，才有能力做分外的事。职场中我们往往认为自己所做的工作过于简单而去关注别人的工作。而简单只是事物的外表，内涵则是长时间的单调训练，因为熟才可生巧，巧才相对而言简单。而工作中的多少过失又是因为看上去简单而造成的。把每一件简单的事情做好即为不简单！

因此，职场中做事要做到位而不越位，做好分内之事，处于一种稳定积极的工作状态，这样也能轻松获得成就。

5. 平凡到平庸仅是一步之遥

职场中，我们大多数人都很平凡——朝九晚五、两点一线，我们会被淹没在茫茫人海中，我们一样在公交车、地铁中挤来挤去。

我们都是平凡的人，我们大多数人都只有一个平凡的岗位，都在为了生计四处奔走，都为了生存在职场中挣扎，我们只是沧海一粟，更多人并没有值得炫耀的显赫的家世、雄厚的资本和闪耀的地位。

可是我们不能平庸，哪怕岗位再平凡，也不能做个庸人。平凡不是平庸。平凡不可怕，可怕的是平庸，可以原谅一个人的能力但不能原谅一个人的态度。生活中最可悲的不是暂时的失败和贫穷，而是习惯寒酸、甘于平庸，将自己定位成一个平庸的人！我们鄙视平庸，却不能拒绝平凡，把一件件平凡的事情做好就是不平凡！把一件件事情做平庸，那就连平凡都比不上了。

李嘉诚，曾经只是一个小小的推销员，很平凡，平凡的甚至不如我们每一个人。在推销期间，为了省钱，他始终都是以步代车奔走在香港的大街小巷，为了可以把工厂塑胶制品推销出去，别人还在睡梦中时他就已经起床工作了。同是推销员为什么他成功了呢？除了勤奋，他从注意身边的每件小事做起。他根据每个地区的居民生活状况，总结出消费者使用塑胶制品的规律，并将这些资料记录在他随身携带的小本上。根据汇总的信息，分品种出售到不同地区，他注意每件产品的生产过程，

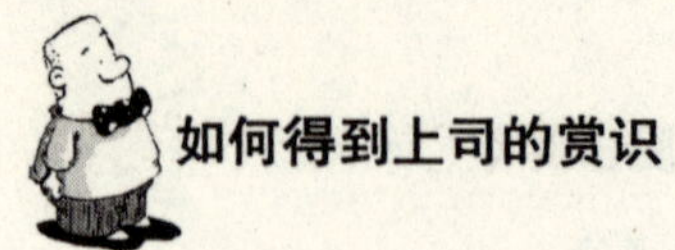

对各个方面了如指掌，他还注意搜集更多的资料和信息，与不同层次的人交往，使之具体地了解，做到心中有数。

正是把平凡的小事做到不平凡，才最终才成就了一代富商。

一代巨星刘德华是万千影迷、歌迷心目中的偶像，在马来西亚，在泰国，他的健康形象是当地最受欢迎的形象，他的影响力甚至超过当地的行政长官。可他也不过是个农民的孩子，最初也不过是给剧组送外卖而已，他也是从一个跑龙套的一步步走到今天。那时很多人说他的演技很差，唱歌也不好听，在剧组中尝尽人情冷暖。刘德华跟周润发曾讲起自己怀才不遇的苦闷。周润发挥了挥自己的手腕，亮出腕上的劳力士金表给他看说："凡事都有一个过程。做人最重要的，第一是对自己有信心；第二是要努力。只要你努力了，总有一天，你也会有劳力士表，你也会有一切。"

而刘德华也始终没有放弃成为一名艺人的梦想，总是尽心尽力地去学习，揣摩成名演员身上的优点，虚心求教。正是无论什么角色都塑造到最好，正是把哪怕看似不重要、很平凡的角色都演到不平凡，才成就了后来的天王巨星。

所以不要以为那些有着不平凡成功经历的人都是与生俱来的，也不要去抱怨为什么你没有显赫的家世，那些都不重要，重要的是你可以像李嘉诚和刘德华那样认真地对待每一件平凡的工作。如果你做不到，那又谈何成功呢？

在上司看来，下属可以平凡，但是绝对不能平庸。今天的职场，每一个岗位都是平凡的，不管是销售、企划、前台还是文秘，所有的岗位都没有什么新鲜的内容，但是有的人却能做到不平凡，有的人却做得平庸到了极点。

公交车售票员的岗位平凡吗？有人坐车可能连看都不看一眼售票员，可是我们大多数售票员依然热情、认真地工作着。我曾经乘坐过一辆公交车，那辆车上没有老外，而售票员依然认真地用中英文双语报站，没有丝毫马虎。他不会因为没有上司监督、没有外国人乘车便要小聪明。

李素丽不也是个售票员吗？很普通的人、很平凡的岗位。在她的岗位上，她任劳任怨，恪尽职守，用自己一点一滴的积累和全心的投入，在平凡的岗位上做出了一番不平凡的事业。她先后当选为中共十五大、十六大代表，被授予“全国优秀共产党员”、“全国劳动模范”、“全国三八红旗手”、“全国职业道德标兵”、“全国杰出青年岗位能手”等荣誉称号。

从李素丽身上我们可以看出，是否平庸关键不在于工作的内在性质，而在于人们从事这项工作的动机、兴趣和热情。用从内心深处涌出的激情从事工作，就一定能作出出色的工作，否则只能平庸。

如果你能换一种心态看待工作，不再把它看成糊口的工具，而是实现你人生理想的途径，你会发现，人生最有意义的就是工作，与同事相处是一种缘分，与顾客、生意伙伴见面是一种乐趣。人可以通过工作来学习，可以通过工作来获取经验、知识和信心。用这种积极的态度投入工作，无论做什么，都很容易取得良好的效果。

从平凡到平庸，是一件很容易的事，只要心中懈怠，就滑向了平庸的边缘。而从平庸到平凡，需要的是一个坚定不变的目标。正如屈原所说，“路漫漫其修远兮，吾将上下而求索”，我们都很平凡，我们都很普通，但是我们不能平庸，因为平庸就意味着失去了人生价值，那我们的人生不就剩下一副臭皮囊了吗？

八

做一个让上司放心的管理者

1. 做个能打硬仗的团队领袖

俗话说：千军易得，一将难求。这句话充分表明了“将”的难觅，或者说表明了对“做将”者的要求之高。还有一句话：兵熊熊一个，将熊熊一窝。这句话充分表明了选择一个“好将”的重要性。企业的兴衰与各层次的管理者的领导水平息息相关，因为，企业方方面面的运作都离不开“人”。

徐向前刚到鄂豫皖任副师长时，师长已牺牲，部队也只有黄麻起义后留下的300多名农民战士。头一次带队上阵，敌人的机枪扫过来，没经验的战士都趴在地上不敢抬头，徐向前却站在那里岿然不动，就此在部队中树立起威信。此后，哪里战斗激烈，他就拿着驳壳枪出现在哪里。曾任红四方面军第三十军政委的李先念回忆说：“向前具有惊人的军事胆略，从不知恐惧为何物。越是大仗、硬仗、恶仗来临，他越是生龙活虎，精神百倍。”红四方面军善打硬仗、恶仗，是与他的指挥风格分不开的。

所以团队指挥员的战斗精神决定了团队的精神风貌，试想一个整天唉声叹气的主管，怎么能带出一支优秀的队伍呢？

作为中层管理者，有着下属与上司的双重身份，上司将一个团队交给你打理，目的就是要让这个团队创造价值。上司需要的究竟是一个瞻

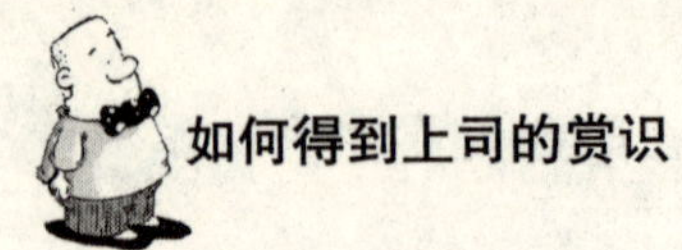

前顾后的中层干部，还是一个奋勇向前的中层干部呢？毋庸置疑，自然是一个能打硬仗、善于攻坚的好将领。

什么是善打硬仗的主管，是不是凡事亲力亲为的主管就是好主管？笔者曾目睹一位这样的主管级人物，这个人能力很强，尤其是执行力，单兵作战绝对是一等一的高手，正因为如此，老总才提拔他做了主管。

然而，位置的转换并没有让这个主管完全适应，他依然一如从前一样凡事亲力亲为。他认为，员工未必能做好，他认为，交给别人不放心。于是在他的部门出现了一个怪现象，员工都无事可做，而他累得要死要活。

别的部门恰恰相反，主管优哉游哉，员工异常忙碌。

一个人即使浑身是铁又能打几根钉？一旦遇到重大项目时，他的团队劣势便会显现出来，因为欠缺协调能力，因为不能调动员工积极性，项目最终一塌糊涂，而他也落了个出力不讨好的田地。在上司追究责任时，员工全都把责任推向了他："主管不让我们做啊！主管没有交代啊！主管说这事他干啊！"凡此种种，让上司很是无奈。

上司不得不重新审视这个刚提拔起来的中层干部，降职是对他积极性的打击，保留吧，他能否做个称职的主管呢？权衡利弊后，上司不得不挥泪斩马谡，就地免职，将他劝离了公司。

原本做员工挺好的，想不到升了官反倒丢了饭碗，原因何在？

原因是，如果一个业务主管事无巨细亲力亲为，其结果就是底下养了一群懒汉，剥夺了底下员工的成长和存在价值，最终的结果就是这位主管自己"行"而他底下的员工"不行"；另外一个部门的主管之所以优哉着就能完成项目任务，是因为他把工作都用在了调动团队积极性和引导员工方向上，他只负责指挥全局而不亲力亲为，让手下人忙碌起

来，不断提升员工的战斗力，减轻了自己的负担，又让大家在工作中体会到了自身的价值。

一个优秀的主管不但是一个优秀的士兵还是一个优秀的教官，他能培养出青出于蓝而胜于蓝的下属，他不应该担心有人超越他。只有团队中每个成员的能力都得到提高，团队的整体战斗力才能得以提高，也只有这样，团队才能无往而不胜。只有当团队成员的能力足可以独当一面，公司才能得到更大的发展，而上司也会给你更好的机会。

如果你连本部门的人才培养都没有抓好，将来没有人能够担当你的职责，上司又怎么会把你再次提拔起来呢？

任何一个公司都不是一个部门在战斗，团队是一个集体的概念，主管要做的除了自己的个人工作，还包括与其他部门的协同配合。职场中切忌个人英雄主义，如果没有友邻部门的密切配合，有谁敢自豪地说他一个部门就能完成任务？有策划没有执行可以吗？有执行没有策划行吗？有前线将士没有后勤保障能打攻坚吗？

所以，当你是个中层干部的时候，你要维系好友邻部门的关系，千万不要将自己孤立于团队之外，否则一旦遇到问题，你将求助无门。

只有当你的兵都是不怕死的兵，当你的同事在你遇到问题时全力支持你，你才能拥有“人和”，有了“人和”，就有了胜利的基础。

2. 既要有制度，也要有人性

团队中必然存在管理与执行的区别，因为分工的不同，于是便存在着团队管理的问题。作为公司管理者来讲，如何采用恰当的管理方式推动团队工作的开展呢?

我们在管理上强调最多的就是中国特色。常年以来，那种只是挂在墙上的制度让我们厌倦，我们甚至怀疑其可行性。我们强调人性化管理，做事要留三分余地，知道制度都应人而异。

"人性化管理"，通常人们也常说成"管理人情化"，但在具体工作的实施中却常有人将"人情化"理解成"讲人情"，实则不然，它们是两个不同的概念。

那么"人性化管理"与"讲人情"有什么区别呢?

人与人有许多微妙的关系，正确地处理这些关系你做事会觉得得心应手。当你在工作中出错时，你的同事、上司、朋友没有指出你的错误、没有告诉你它的危害，却反而拍着你的肩头说声没事，为你隐瞒了事实，这就是"讲人情"。"讲人情"在管理工作中是不允许的，甚至会使你的工作变得更糟糕。然而人性化管理则不一样，"人性化管理"虽然允许你在工作中出错，但它会告诉你这样做是错的，会带来什么样的危害，你怎么做会更好。这样既原谅了你，让你不用时刻担心工作中出现了什么过错，担心你的上司责怪你，担心你的同事怎么看待你，又

使你的工作激情更高涨、工作目标更明确。同时，“人性化管理”还要求建立合理的“人性化管理”实施与评价体系。

谈到“人性化管理”的实施，众多企业各显神通：上市公司为提高员工的主人翁精神，提倡员工入股制度；大集团公司为激励员工的创新意识，不惜拿出巨额资金作为员工创新奖项；爱立信则别出心裁，在企业内部从上到下要求员工多做自我批评，实施自我评价体系，让员工从工作中真正感受到管理的人性化。

《孙子兵法》写道，“将者，智、信、仁、勇、严也”，强调将帅不仅要拥有威武之仪，还需要怀揣仁爱之心。

现代市场竞争亦如古之兵战。我们管理者必须懂得人是世界上最富感情的群体，人性化管理是管理者调动员工积极性的重要手段。管理心理学研究表明，一个人生活在温馨友爱的集体环境里，由于相互尊重、相互理解和容忍，使人产生愉悦、兴奋和上进的心情，工作热情和效率就会大大提高；相反，一个人生活在冷漠、争斗和尔虞我诈的氛围中，情绪就会低落、郁闷，工作热情就会大打折扣。

没有管理的艺术或者说艺术的管理，就是把人当做冷冰冰的机器，当然人不是机器，人有思想、有情感和创造能力。就像联想并购 IBM 的 PC 业务后，在接纳原 IBM 员工时，联想在所有原 IBM 员工的桌子上都放了一盆鲜花，并扩大了食堂的面积，给每个原 IBM 员工饭卡上存了一部分餐费，虽然是一些小小的管理细节，却给整个整合工作带来了意想不到的效果。

然而人性化管理不是简单的“打成一片”或者“恩威并施”就能实现的。人性是极为复杂的。任何一个人，人性都有两面性，既有“善”的一面又有“恶”的一面。企业内外无规矩，不成方圆，行之有

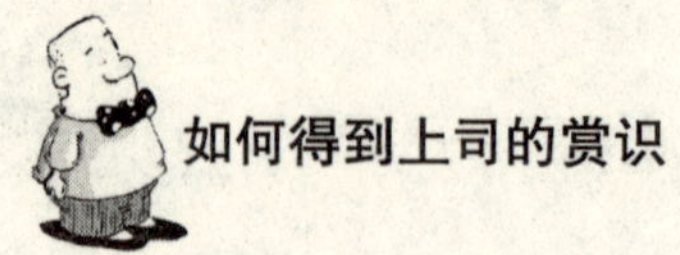

效的制度，才是企业发展的原动力；而人性化，应该成为一种企业管理制度的润滑剂。泰罗制式的“管、卡、压”管理并不完全错——因为没有纪律、没有约束、没有惩罚，就会没有管理，也没有效率。

人性化管理要通过制度化管理体现出来，制度化管理要体现人性。这样人性化管理才能落到实处，制度化管理也才能成功。因此，二者应该是结合在一起的。因为管理需要一定的规章制度，而现代管理强调的管理制度要以人为本，调动人的积极性和创造性，挖掘人的潜力。人是知识经济社会中经济发展不可缺少的“人力资本”，但又与生产资料、机器设备这些死的物不同，人是有精神、有情感、有思想的。要提高人力资本的生产率，就要根据其特点，鼓舞其精神，培养其情感，提高其思想。而这些不能只依靠一些开明的管理者去实施，要通过制定相关的制度加以保证。

所谓“管理无情人有情”，这话很适合在中国讲。对于中国的企业来说，并不是所有的东西都制度化、理性化就好，中国人是讲人情味的，中国的企业也需要刚柔并济，在理性中多一些感性，在制度中多一些人情关怀。这同样是对公司上司的考验，能否管理好不同阶段的员工，直接决定了一个公司能否长久立足。管理是一门艺术，同样也是一门学问，对公司管理层来说，迫切需要学习的是：如何与员工一起成长。

3. 面子是自己赚来的

俞敏洪有过三次高考落榜的经历，留学的夙愿未能实现，以及后来当老师的种种不如意，但是他从不曾妥协。他认为这是生活在让他懂得如何“在绝望中去寻找希望”，从而主动地把握自己的人生轨迹。“如果我当年落榜、留学失败、被北大处罚后接受大家的劝说安静地过日子，现在我可能是个农民，可能是个外语系副教授，我可能和很多人一样过着单位、社会为你设计的被动生活。”对此，俞敏洪认为，被动的生活一旦成为一种无意识的习惯，人们就会像磨上的驴一样被各种各样的事情牵着鼻子在原地转圈，但由于被牵得太久了就忘了我们是被牵着鼻子在生活，有时候不被牵着还感觉不舒服。

谁也无法预测未来。比如王强两度飞越重洋并定居美国，经过超常的努力，成为贝尔实验室的高级电脑工程师，现在成为国内最著名的口语教师；被朋友们怀疑不食人间烟火的哲学家包凡一，在北美的现实压迫下，读完传播学硕士之后，再熬出一个 MBA，居然成了美国通用汽车公司的会计师……每个人都偏离了专业为他们设计的发展轨迹。所以要主动地把握未来。

把握未来的过程中，你首先要有勇气走出你现在的生活，而走出这种生活又需要你放弃原来的既得利益和习惯。人最坏的习惯之一就是抱住已经拥有的东西不放，其实一个人只要舍得放下自己的那点小天地，

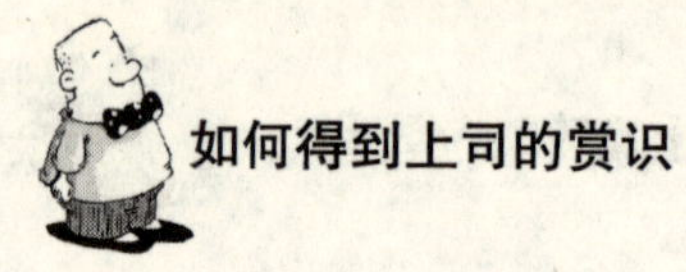

就很容易海阔天空。

舍就是付出，付出的心态是上司心态，是为自己做事的心态。一个只懂“省钱、省力、省事”，但不懂付出的人，最后连“成功”也被省了。

舍得和放下之间还有一层含义，那就是舍得面子，放下身段。舍得面子、放下身段，做所有你不能做的事，总有一天你会等到属于你的机会。

为了面子宁愿选择死亡的例子有很多。古语中有句话：士可杀不可辱。在古代战争中，每位将士被俘虏后遭到敌人的戏弄时最喜欢说的正是“士可杀不可辱”。你要么就杀了我，要么就不要玩我。如果你玩我，那么我活着没面子，还不如去死。

项羽的乌江自刎就是个为了面子而死的典型例子。他打了败仗后跑到乌江，本来他是可以乘坐渔船逃回江东的，但他放弃了。因为他觉得“无颜见江东父老”，没有面子回去面对他的乡亲父老了，结果他选择了自刎。他的死成全了他的面子，成全了一代枭雄的气节，但代价是自己的“皇帝生涯”就此结束，彻底输掉了江山。

你知道翻盖手机为什么在东北亚地区尤其是中国流行吗？恐怕很少有人想到，原因之一是与中国人爱面子有关系。

面对翻盖式手机尤其是韩国三星、中国的TCL的凶猛攻势，直板式手机的集大成者诺基亚，直到2004年下半年才推出了翻盖手机。西方的手机厂商不明白，为什么翻盖手机在中国流行，而在西方的接受程度却非常低。一位手机经销商表示，翻盖式手机在开合时会发出一声脆响，容易引起旁人的关注，所以“更有面子”。

前微软中国区总裁唐骏曾经受到过微软首席执行官鲍尔默的委屈，

而这个委屈事后证明的确冤枉。但是唐峻并没有为了顾及自己的面子而据理力争。

在担任微软中国总裁的时候，唐骏提出了招聘优秀的、没有经验的应届大学毕业生进入公司的市场及销售部门的“大学生校园计划”。这样大胆的设想在微软历史上是没有的。

校园计划的尝试很快就被总部发现，鲍尔默将之定性为“不懂销售市场的一种错误尝试”。唐骏感到很委屈，但他只能承认这个计划确实有些不妥之处。而后来，唐骏想，世界上没有十全十美的事，承认这些并不过分。要知道，在微软的历史上，都是去拿着高薪挖人，几乎从不招聘没有经验的新人。

因此，要想在职场中有大踏步地发展，那就要分清楚主次——哪些是我们必须要的，哪些是我们可以放弃的，哪些是必须先舍后得的，只有这样，你才能成为一个真正伟大的追随者，得到上司的重用，为自己争取到一个更大的发展空间。

4. 团队合作就是竞争力

齐桓公在鲍叔牙的推荐下，将他昔日的仇人管仲以计谋从鲁国“骗”回到齐国后，两人坐谈了三天，详细讨论了如何实施霸业、如何用民、如何解决内政、军事等问题。由于双方在思想上的共鸣，齐桓公当即决定拜管仲为相，但管仲当场拒绝。

就在齐桓公觉得奇怪的时候，管仲抛出了他的团队观：“臣闻大厦之成，非一木之材；大海之润，非一流之归也。君必欲成其大志，则用五杰。”此后，隔朋、宁越、成父、宾须无、东郭牙五人分别因管仲的举荐担任了相应的职务。于是，管仲的核心团队在他还没有正式开展工作时就已经组建起来了。

管仲推荐这五人时称：“升降揖逊，进退闲习，辩辞之刚柔，臣不如隔朋，请立为大司行。垦草莱，辟土地，聚粟众多，尽地之利，臣不如宁越，请立为大司田。平原广牧，车不结辙，士不旋踵，鼓之而三军之士，视死如归，臣不如王子成父，请立为大司马。决狱执中，不杀无辜，不诬无罪，臣不如宾须无，请立为大司理。犯君颜色，进谏必忠，不避死亡，不挠富贵，臣不如东郭牙，请立为大谏之官。君若欲治国强兵，则五子者存矣。若欲霸王，臣虽不才，强成君命，以效区区。”

也正是因为管仲团队的精诚合作、互相配合，才成就了齐桓公的春秋霸业。

企业的竞争力在很大程度上取决于员工，企业欲在激烈的竞争中谋一席之地，必然要求全体员工具备团队合作能力，从而发挥团队精神，以形成强大的团队合力。对于团队主管来说，应不断完善沟通机制和应变机制，从而形成高情商团队，引导员工形成优秀的团队合作能力。

团队合作是一种为达到既定目标所显现出来的自愿合作和协同努力的精神。它可以调动团队成员的所有资源和才智，并且会自动地驱除所有不和谐和不公正现象，同时会给予那些诚心、大公无私的奉献者适当的回报。如果团队合作是出于自觉自愿时，它必将会产生一股强大而且持久的力量。

面对社会分工的日益细化和技术及管理的日益复杂，个人的力量和智慧显得苍白无力，即使是天才，也需要他人的帮衬，只有如此才能造就事业的辉煌。同样，很多日本企业之所以具有强大的竞争力，其根源不在于员工个人能力的卓越，而在于其员工整体“团队合力”的强大，其中起关键作用的是那种弥漫于企业的无处不在的“团队精神”。

现在，团队合作就是竞争力。随着市场竞争的日益激烈，企业更加强调团队精神，建立群体共识，以达到更高的工作效率。特别是遇到大型项目时，想凭借一己之力去取得卓越的成果，是非常困难的。想必你也意识到，单打独斗的时代已经结束了，取而代之的正是团队合作！

对于集团企业来说，团队精神的形成更非易事，也许某些员工在一个小集体里，如一个部门或下属单位能团结该集体所有成员，但如果将其放在集团这个大集体里，可能就出问题了，他可能没办法放弃狭隘的部门观念或小单位观念。严格来说，这些员工并不具备团队合作的能

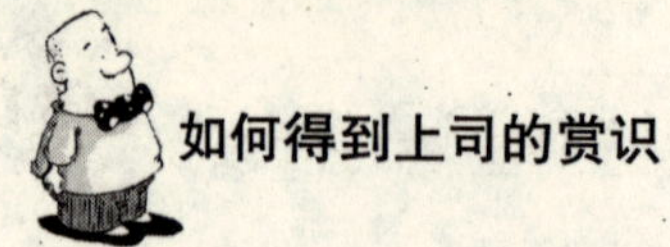

力，一个具备团队合作能力的员工，不管是处于小团队还是大团队中都能为了共同的团队目标而与团队成员通力合作。同时他也能以大局为重，在个人利益与团队利益发生碰撞时，能顾全团队利益；在小团队利益与大团队利益发生不可调和的冲突时，能以大团队利益为重，需知“皮之不存，毛将焉附”。

5. 适当放低自己，方能海纳百川

目前企业里有很多优秀的人才，这是一群让人敬佩的群体，他们专业的技能来自于不断地总结和自我提升。但是也许就是这样，自我崇拜的萌芽就会萌生，一些人在企业中很是“嚣张”，对企业的其他员工颐指气使，一副老子天下第一，管理精通，无所不知的姿态，我没有统计过，也许这些“嚣张”的职业经理人在企业的时间并不长，半年、一年或者一两年就离开了企业，他们离开的原因不是他们的能力不行，而是过分的自我陶醉。

“做官要学曾国藩，经商要学胡雪岩”。这句流传民间百年的经典谚语，深刻道出了一个洞悉传统内圣外王之术的名臣曾国藩和一个深谙传统智慧权谋的传奇商人胡雪岩在人们心中不可撼摇的崇高地位。他们两个是那块历史天空中永远闪耀着熠熠光辉的双子星座，是那些在茫然之中寻找做人处世经商成功真谛的后人的道路指南。

曾国藩和胡雪岩的影响如此之深远，在于他们在特定历史条件下所取得的巨大成就。曾国藩一步一个脚印，从湖南山村的一个穷秀才跻身为近代史上最有名的人物，直至成为晚清“中兴第一名臣”、“大清圣哲”，无人能出其右。

稳慎之绝。曾国藩认为，为人处世须专在“稳慎”二字上用心。世上之事风云变幻，处处藏着危机，稍不小心就有可能使事业陷入困境甚至绝境，而凡事求稳慎则可以使人稳打稳扎，少犯错误，有助于事业的长远发展。要做到稳慎，必须以耐烦为第一要义，凡事力求稳妥，谨言慎行，戒骄戒傲，时时刻刻小心行事，如履薄冰，如临深渊。

磨砺之功。曾国藩认为：“不为圣贤，便为禽兽；不问收获，只问耕耘。”人如果不通过不断的磨砺来提升和完善自身，就会让自己的私欲、情欲变得膨胀，从而让自己的意志变得软弱，让自己的时间和精力得以浪费，妨碍自己事业的成功。人要成就一番事业，除了不断磨砺自己、不断调试自己以外别无他途。这需要做到自强不息、坚忍不拔、身心兼治、培养浩然之气。

曾国藩藏锋的“龙蛇伸屈之道”，是一种自我保护的生存之道。实际上藏锋露拙与锋芒毕露，是两种截然相反的处世方式。锋芒引申为人显露在外表的才干。有才干本是好事，是事业成功的基础，在恰当的场合显露出来是十分必要的。但是带刺的玫瑰最容易伤人，也会刺伤自己。露才一定要适时、适地，时时处处才华毕现只会招致嫉恨和打击，导致做人及事业的失败，不是智者的所作所为。有志于做大事业的人，可能自认为才华很高，但切记要含而不露，该装傻的时候一定要装得彻底，有了这把保护伞，何愁事业不成功?

从古至今，恃才傲物，目空一切，骄傲自大之人，没有一个落得好下场，反而是谦虚内敛，等待时机，蓄势而发之人，往往取得大成功。

打工无尊卑。无论你今天是普通工程师，还是贵为总经理，心态上都要保持平衡。反映在具体表现上就是与人为善，永远保持谦虚谨慎。如果你当工程师时见了门卫会打招呼，当了总裁后也要依然同门卫打招呼。

职场中人要有“适当放低自己，方能海纳百川”的胸怀。要做到

这一点就需要我们调整心态，不自吹自擂，回避公众的恭维，对待同事要克服和改掉狂妄自大、自视甚高、一意孤行的毛病，不断自我反省、自我修炼、自我检讨。正如吉姆·柯林斯在《从优秀到卓越》一书中所说："第五级经理人（卓越的经理人）朝窗外看，把成功归于自身以外的因素；当业绩不佳时，他们看着镜子，责备自己，承担责任。"只有具备这样高尚的品质，才会衍生出许多有利于企业发展的举措或影响力。

这就要求我们在平时工作中，要相互欣赏、相互理解、相互信任，而不是相互瞧不起、相互不买账、相互抬杠，甚至对方反对的我就拥护，对方拥护的我就反对。在企业中发生很多矛盾，其实很多情况下并不是有意发生的，它的根本原因在于我们在谦虚、谨慎方面修炼得不够。古人说"心满为患"，同样，我们的不少经理人取得了一点小小的成绩，就已经把自己心中的门反锁上了，他无法走出自以为是的小天地，别人也无法打开这扇门。因此，打开心门，以谦虚谨慎的、开放的心态对待同事将有助于自我的成长，也将会促进业绩的提高。

其实，上司与雇员既是矛盾对立体，又是利益共同体。上司是希望借助员工的知识、经验和能力，带领企业赢得竞争，走向辉煌，追求的往往是长远的利益；员工则是希望借助企业这个平台施展自己的才华，实现自身的价值，追求的大多是短期的回报。双方各取所需，既存在价值取向的不一致，又有协作的愿望和必然性。

《管理走向精细化》课程大纲

主讲人：陶永进

★ 课程目标

明晰精细化管理的科学内涵，理清精细化管理实施的思路，把握精细化管理实施的要点，掌握精细化管理的方法，树立精细化的意识，提升精细化管理的能力，提高组织执行能力，建立高绩效组织。

★ 课程大纲（课时：1-2 天）

一、科学管理

1. 管理的道与术
2. 有效的变革
3. 管理模式确定
4. 问题的发现
5. 管理思维导图
6. 回归基础管理
7. 必然到来的五大转变

二、精细之道

1. 管理的坐标图
2. 管理的科学和艺术
3. 管理的规则
4. 流程、程序和制度
5. 精细化管理的概念
6. 精细化管理的基本方法

三、有效改善

1. 改善从何入手？
2. 少许达标 & 全面改进
3. 全面落实精细化管理
4. 把事情做到位
5. 管理者的执行力要求

《企业转型升级之道》课程大纲

主讲人：徐　健

★ 课程目标

竞争环境日益残酷，升级成为许多企业唯一的选择：产品不升级就会失去市场，企业不升级就会失去未来。本课程以当前很多企业面临的困境为背景，结合理论与成功实践的案例，从战略与经营模式创新、营销升级、内部管理强化以及员工素质提升等方面着手，系统论述企业如何成功升级与转型。

★ 课程大纲

一、升级的系统思维

1. 企业的盲人摸象困境　　2. 升级系统模型

二、战略转型：从机会型转向战略型成长

1. 先思考企业的钱是怎么赚来的　　2. 战略的核心是定位
3. 专业化才会有优势　　4. 市场细分是赢取顾客的利器
5. 经营模式不创新是苟延残喘　　6. 战略不只是高层管理者的事

三、管理升级：精细化管理是企业升级的基础

1. 万丈高楼平地起　　2. 何为精细化管理？
3. 精细化管理的三大支撑理论　　4. 依靠规则来管理
5. 与合作伙伴一起升级

四、员工升级是企业升级成功的依靠

1. 企业升级需要全员思想变革　　2. 领导者的自我升级
3. 企业老板和元老：变革从我开始　　4. 管理者的职业化修炼
5. 员工要有职业化精神　　6. 文化发展成就企业升级

五、企业转型升级成功的过程管理

1. 转型升级始于高层领导　　2. 激发全体员工的参与
3. 管控转型升级变革的阻力

《精细化管理推进与实施》课程大纲

主讲人：徐　健

★ 课程目标

企业在认识到精细化管理的作用和了解精细化管理的基本原理之后，自然会思考一个问题：如何推动精细化管理在企业中的系统实施？

本课程以帮助企业成功实施精细化管理为目标，运用系统思维来指导企业中精细化管理的成功实施。本课程的内容主要包括：解释了精细化管理的基本逻辑（从目标出发，最后落实到保证目标实现的具体管理规则），提出从组织系统变革的角度来保证精细化管理的成功实施，分析了精细化管理在企业中推行的具体过程、可能遇到的障碍以及应对之道，并通过案例剖析与讨论来强化学员应用这些知识的能力。

★ 课程大纲

一、精细化管理的背景与基本观点

1. 企业面临的两大转型：战略与组织转型
2. 精细化管理是中国企业必由之路
3. 精细化管理的根本是提高战略执行效能
4. 精细化管理系统思维

二、精细化管理的四大要素

1. 目标分解与目标管理
2. 管理与业务流程优化
3. 人岗匹配与岗位衔接
4. 规则 = 程序 + 制度

三、精细化管理实施的组织保障

1. 领导力改造
2. 组织结构优化
3. 企业文化转型
4. 全员职业化训练

四、精细化管理的实施

1. 精细化管理实施的前期准备
2. 精细化管理的具体实施过程
3. 成功实施的关键

五、案例分享

《管理看板》 课程大纲

主讲人：陶永进

★ 课程目标

通过培训向企业管理人员在导入精益管理的理论的基础上导入看板系统的知识和实施，使管理者通过揭示的方法来发现问题、解决问题、沟通交流、下达指令，以达到管理目的，从而获得一种高效而又轻松的管理方法。

★ 课程大纲

一、精益之道

1. 华晨的反思
2. 精益核心
3. TPS 的理念
4. 精益基本理念
5. 5S 的本质及效益
6. 精益思想 5 大核心
7. 精益实践 5 个步骤

二、看板管理

1. 准时制生产（JIT）
2. 减少无效劳动
3. 看板及看板管理的概念
4. 看板的机能
5. 看板操作的规则
6. 目视化方法
7. 目视管理的益处

三、管理看板

1. 管理看板的概念
2. 管理看板的分类
3. 管理看板常见形式
4. 管理看板的作用

部门经理高级训练班课程表

序号	课程模块	内容	课时
1	职业生涯规划	1. 什么是职业生涯规划 2. 如何规划自己的职业生涯 3. 如何做一个杰出的追随者	2天 (12学时)
2	管理的基本知识	1. 科学管理 2. 角色认识 3. 精细化管理	2天 (12学时)
3	部门经理的个人技能	1. 如何做岗位鱼刺图 2. 常用公文写作 3. 个人礼仪、形象训练 4. 公众演讲训练	2天1夜 (15学时)
4	部门经理管理技能	1. 目标管理 2. 项目管理 3. 绩效管理 4. 看板管理	2天1夜 (15学时)
5	领导力训练	1. 如何开办公会议 2. 如何授权管理 3. 如何让上司赏识你 4. 如何让下属追随你	2天1夜 (15学时)
6	执行力训练	1. 个人执行力 2. 团队执行力提升 3. 团队文化	2天1夜 (15学时)
7	部门经理境界提升	1.《弟子规》与国学智慧 2.《忠经》研习 3.《孝经》研习	2天1夜 (15学时)
8	考核及毕业	1. 综合考试 2. 毕业演讲答辩	1天 (6学时)

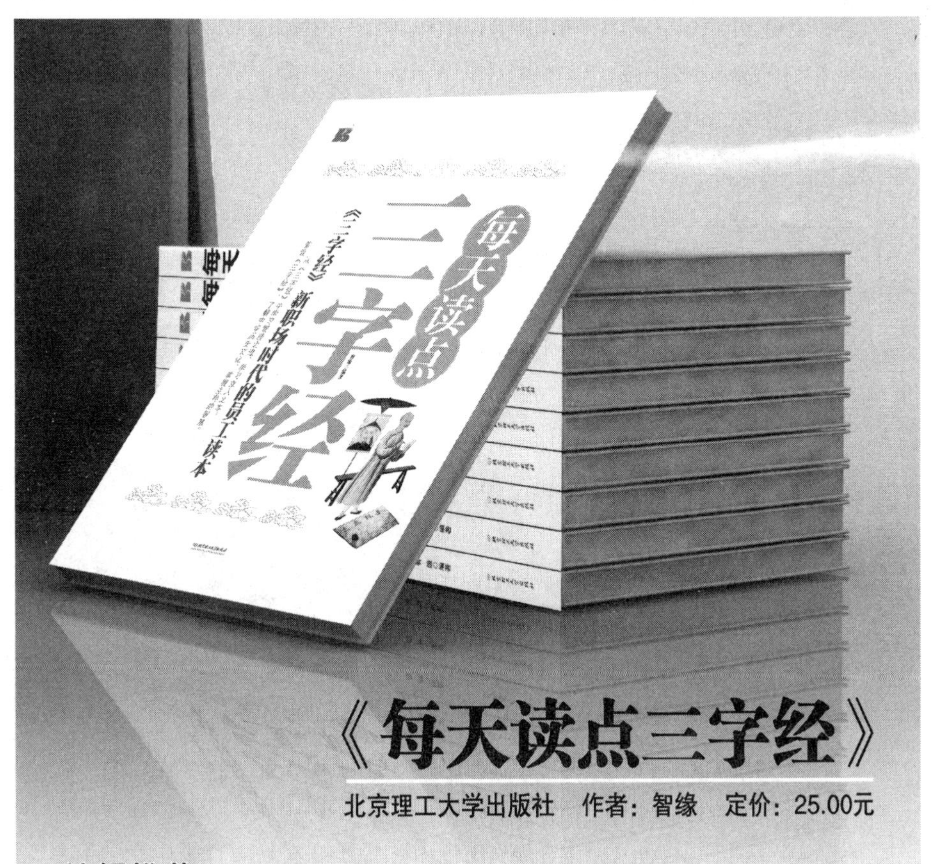

《每天读点三字经》

北京理工大学出版社　作者：智缘　定价：25.00元

编辑推荐：

国学是中华民族优秀传统文化的核心价值，是数千年来中国人思维方式、行为方式、生活方式的高度总结，浸着每个中华儿女的血液和灵魂。《三字经》是我国古代历史文明送给每个中国人的遗产。它短小的篇幅，蕴含着许多深刻的道理，脍炙人口、广为流传。

在生活中，任何人都不可能做到十全十美，但无可否认，《三字经》的确是每个人人生路上的良师诤友。不论是在道德、历史、地理还是文化上，都会让我们受益匪浅。人们不仅能从《三字经》中学习立人之本，更能从中学习管理之道。本书将《三字经》与现代管理学相结合，带你一起学习《三字经》，让你了解中华民族的历史文化，掌握生存的智慧。

编辑邮箱：bsd015@163.com　　联系电话：010-68457661/68487630

新书赠阅

1. 您购买的图书书名为：________________ ,ISBN：________________

2. 您是通过何种途径了解到本书的？

□报刊杂志 □网络 □电视 □广播电台 □书店 □朋友介绍

□其他________________

3. 您对本书的评价

封面 □好 □一般 □较差

内文编排 □好，易于阅读 □一般 □较差，不易阅读

内容 □好 □一般 □较差

4. 购买本书的场所

□新华书店 □大卖场 □超市 □网络 □机场 □其他________

5. 您所关注的图书类型是

□企业管理 □投资理财 □健康心理 □成功励志 □职场小说

□人力资源 □生产销售 □亲子教育 □其他________________

6. 您愿意以何种方式获得我们的相关图书信息？

□电子邮件 □试读本 □书目介绍 □其他________________

7. 如果您愿意试读或者希望我们发送新书信息给您公司的负责人，请注明负责人的：

□姓名______ □职务____________ □电话______________

□地址__________ □邮件__________

（此表复印有效）

感谢合作！希望您能和我们联系

联系人：朱新月

地址：北京市西三环北路 50 号豪柏大厦 C1－601/621 邮编：100044

电话：010－68487630 传真：010－68457661

电子邮箱：bsd015@163.com

读者反馈卡

完整填写本反馈卡，符合要求者，将有机会获得
本公司当月新出图书一本，并成为本公司读书俱乐部会员。

个人资料

姓名：________ 性别：________ 年龄：________

电话：________ 邮箱：________

传真：________ 手机：________

就职单位及部门：________ 职务：________

通讯地址：________ 邮编：________

单位情况

单位类型：

□国企 □私企 □外企 □政府机关 □ 股份制企业 □其他________

所属行业：

□生产制造 □批发零售 □旅游娱乐 □政府机关 □金融证券

□房地产 □服务业 □文化 □电子通讯 □信息/互联网

□咨询 □保险 □其他________

单位规模：

□500 人以下 □500－1000 人 □1000－2000 人 □2000 人以上